自动化检定流水线应用与故障分析

ZIDONGHUA JIANDING
LIUSHUIXIAN YINGYONG
YU GUZHANG FENXI

史鹏博　李铭凯　主编

化学工业出版社
·北京·

内 容 简 介

本书对电能计量设备检定流水线近年来的应用经验进行了全面总结，旨在指导和帮助供电企业人员掌握和了解自动化检定流水线应用相关技术。

全书共分 7 章，分别为电能计量设备自动化检定流水线的发展、计量设备自动化检定工作流程、自动化检定流水线关键设备、自动化检定流水线操作与维护保养、自动化检定流水线智能运维技术、自动化检定流水线故障表位识别技术、自动化检定流水线常见故障案例分析。

本书可供供电企业或电力用户电能计量管理者及专业人员参阅，也可供电能计量技术人员学习参考。

图书在版编目（CIP）数据

自动化检定流水线应用与故障分析 / 史鹏博，李铭凯主编. — 北京：化学工业出版社，2024.3
ISBN 978-7-122-45168-2

Ⅰ．①自… Ⅱ．①史… ②李… Ⅲ．①电能计量–自动检定系统–流水生产线 Ⅳ．①TM933.4

中国国家版本馆 CIP 数据核字（2024）第 048891 号

责任编辑：廉 静 王 芳 李 鹏　　　装帧设计：王晓宇
责任校对：田睿涵

出版发行：化学工业出版社
　　　　　（北京市东城区青年湖南街 13 号　邮政编码 100011）
印　　装：三河市延风印装有限公司
787mm×1092mm　1/16　印张 10¼　字数 249 千字
2024 年 6 月北京第 1 版第 1 次印刷

购书咨询：010-64518888　　　　　售后服务：010-64518899
网　　址：http://www.cip.com.cn

编写人员名单

主编： 史鹏博　　李铭凯

副主编： 陆翔宇　　李　蕊

编写人员：（按姓氏笔画排序）

丁　宁	马　涛	王　芳	王双辰
王海岩	王梓丞	朱卫国	朱锦山
刘　恒	刘　萱	刘士峰	刘月骁
刘海龙	关　祥	祁博彦	孙　诚
杜思远	李　军	李　佳	李　欣
李　晖	李　娜	李　乾	李　巍
李之彧	李亦非	李秀芳	杨广华
步志文	吴小林	吴红林	何　剑
沈　静	宋玮琼	张　迎	张　松
张　缘	张　影	张博儒	陈　龙
武　赫	范在丛	易　欣	郑伟龙
姜　君	姚　鹏	袁铭敏	贾　佳
董　宇	程诗尧	曾纬和	魏川凯

前言

随着我国智能电网建设工作的稳步推进，智能电能表开始大规模应用，根据统计，目前我国智能电能表的安装量接近6亿台。智能电能表作为法律规定的强制检定计量器具，必须进行逐只检定，合格后方可使用。而传统人工检定方式已无法满足日益增长的需求，同时市场要求检定工作更进一步精细化、降低误差、杜绝人为操作对检定工作造成的影响，这些需求促进了计量设备检定方式向速度更快、精度更高、自动化程度更好的方向发展。

为满足上述需求，同时贯彻落实国家电网"集团化运作、集约化发展、精益化管理、标准化建设"要求，各级电能计量中心均在本地区建设规范、统一的电能计量检定中心。

电能计量检定中心以"公平、公正、公开"为准则，以智能化、自动化、信息化为手段，建设网省公司直属、省级集中、独立运转、整体授权的计量中心，实现计量器具和用电信息采集设备的集中检定、集中仓储、统一配送、统一监督，达到"整体式授权、自动化检定、智能化仓储、物流化配送"。

自动化检定流水线使得电能计量设备实现了全自动化检定，极大提升了检定效率，有力保障了电能计量设备供应需求。

本书首先对自动化检定流水线的发展、构成进行了全面介绍，然后对自动化检定流水线运维经验和应用的智能运维系统进行了总结，最后对自动化检定流水线故障表位识别和在实际运行中遇到的常见故障案例进行了研究分析。

感谢编写组成员在本书编写过程中付出的努力，同时对本书参考文献的作者表示感谢。

限于作者水平有限，书中难免有不妥之处，敬请广大读者批评指正。

编者
2023年12月

目录

第7章　自动化检定流水线常见故障案例分析 ••• 118

第 1 章
自动化检定流水线的发展

本章重点对计量设备自动化检定流水线的发展情况进行了介绍，首先针对自动化检定流水线的发展现状进行了说明，然后对自动化流水线整体组成结构进行了简要介绍，最后阐述了自动化流水线的发展趋势。

1.1 自动化检定流水线现状

传统计量设备的检定模式为人工检定，需要人工将电能表挂接在多功能检定单元上，检验完成后手工拆表。但是该类模式存在检定效率很低的问题，而且作业过程容易受检定人员的操作技能水平影响，很难达到标准化作业水平。同时随着计量设备大规模推广应用，传统人工检定模式已无法满足日益增长的需求。在此背景下，国内外许多设备厂商围绕该问题开展了研究工作。

在国外发达国家，计量器具检定基本上不再采用人工检定模式，所有检定工作由自动检定流水线完成，其中在检定系统的硬件和软件平台具有良好容错能力和高可靠性的国外知名产品有日本的 FANUC、SMC，德国的 Boschrexroth、Siemens 公司以及法国 Schneider。

在国内电能计量器具自动化检定领域，2009 年浙江电力公司研制出国内首个全自动计量检定工程样机，并于 2012 年建成首套大规模全自动电能表计量检定系统，大幅提高了集中检定效率，随后自动化检定流水线陆续应用于国家电网公司各网省计量中心，实现与智能立体仓储系统接驳、自动传输、自动检定、计量管理的一体化运行。

自动化流水线的应用显著提升了检定效率，节约了人力成本，同时也使计量设备检定实现了标准化管理，提升了检定质量管理水平，避免了人工检定出现误操作的风险。

1.2 常见自动化检定流水线的组成结构

常见自动化检定流水线由传送机构、辅助机构、检测机构、控制机构组成。

1.2.1 传送机构

传送机构的功能是移送工件或待检产品，主要包括自动输送系统、自动上料/下料系统，这些设备被用来替代装配场合的人工搬运或者人工上下料环节，是自动化检定流水线必不可少的基本部分，也是流水线机械设计部分的基本内容。

（1）自动输送系统

自动输送系统包括小型的输送装置及大型的输送线，其中小型输送装置一般用于自动化专机；而大型的输送线则用于自动化流水线。人工装配流水线上也大量应用了各种自动输送系统，没有输送线，自动化流水线也就无法实现。

输送线根据结构类型，可分为：皮带输送线、链条输送线、滚筒输送线等；根据输送线运行方式，又可以分为连续输送、断续输送、定速输送、变速输送等。

自动化检定流水线一般采用不同输送结构相结合，为了保障运行稳定，采用定速输送的方式。

（2）自动上下料系统

自动上下料系统一般是指在自动化专机中，在特定工序操作前或特定工序操作后专门用于自动上料、自动下料的机构。在自动化专机中，要完成整个工序动作，首先必须将设备移送到操作位置或定位夹具上，待工序操作完成后，还需要将完成工序操作后的设备取下来，准备进行下一个工作循环。

在自动化机械中，典型的上料机构有：

① 机械手；

② 利用工件自重的上料装置；

③ 振盘；

④ 步进送料装置。

下料机构相比于上料机构，其结构更加简单，常用的下料机构主要有以下三种。

① 机械手；

② 气动推料机构；

③ 压缩空气喷嘴。

机械手是一种能模仿人手和臂的某些动作功能，以按固定程序抓取、搬运物件或操作工具的自动操作装置，特点是可以通过编程来完成各种预期的作业，构造和性能上兼有人和机械手机器各自的优点。机械手是最早出现的工业机器人，也是最早出现的现代机器人，它可代替人的繁重劳动以实现生产的机械化和自动化，能在有害环境下操作以保护人身安全，因而广泛应用于机械制造、冶金、电子、轻工和原子能等部门。

气动推料机构就是采用气缸将完成工序操作后的工件推出定位夹具，使工件在重力的作用下直接落入或通过倾斜的滑槽自动滑入下方的物料框内。对于质量特别小的工件，经常采用压缩空气喷嘴直接将工件吹落掉入下方的物料框内。

压缩空气喷嘴是一种基于空气动力学原理，通过独特的空气流道设计，压缩空气通过喷嘴后形成均匀、稳定、顺畅且可控的空气层流设备。由于消除了开口管产生的高噪声和无序的紊乱气流，因此每个喷嘴都具有高效吹扫力，能够将物体吹入指定位置。

在电能计量领域，自动化检定流水线一般采取上下料机械手方式抓取待测设备。

1.2.2　辅助机构

在自动化检定流水线操作工序中，除自动上下料机构外，还需要各种辅助机构完成诸如定位、固定、转向等操作，这些操作是整个流程环节中的一部分。

（1）定位机构

定位夹具用于固定待测设备，这样对工件的工序操作才能实现需要的精度或者待测产品能按预定的程序到达指定的位置，这些功能的实现需要专用的定位夹具配合完成，一般将待测设备固定于托盘上，并结合输送线的挡停机构将其送至指定位置。

（2）换向机构

在检测过程中，待测设备必须处于确定的姿态方向，该姿态方向经常需要在自动化流水线上的不同专机之间进行改变，因此需要设计专门的换向机构在工序操作之前改变待测设备的姿态方向，一般在输送线安装转向轮和控制挡板，以确保设备按预定方向流转。

（3）分料机构

机械手在抓取待测设备时必须为机械手末端的气动手指留出足够的空间，以方便机械手的抓取动作。如果待测设备在输送线上排列紧密，机械手可能因为没有足够的空间而无法抓取，因此需要将连续排列的工件逐件分隔开来，这些操作由分料机构完成，在自动化检定流水线中，一般由挡停机构实现待测设备的分隔。

上述机构分别完成工件的定位、换向、分隔等辅助操作，由于这些机构一般不属于自动检定流水线的核心机构，所以通常将其统称为辅助机构。

1.2.3　检测机构

在自动化检定流水线中，为了完成特定的生产工序规定的任务，需要用到大量自动机械设备，这些设备的核心功能就是按照具体的工艺参数完成上述生产工序。通常将完成上述工序的机构统称为检测机构，它们是自动化流水线中机械的核心部分。例如耐压检测装置、外观检测装置、贴标及激光刻码装置等，都属于自动化流水线的检测机构。

1.2.4　驱动机构

任何自动机械都需要通过一定机构的运动来完成要求的功能，需要利用驱动部件并消耗能量。自动机械最基本的驱动部件主要有以下几种。

① 由压缩空气驱动的气动执行元件（气泵、气缸、气动马达、气动手指、真空吸盘等）；

② 由液压系统驱动的液压缸；

③ 各种执行电机（普通感应电机、步进电机、变频电机、伺服电机、直线电机等）。

气动执行元件是最简单的驱动方式，它具有成本低廉、使用维护简单等特点，在自动机械中得到了大量的应用，被广泛应用于电子制造、电器、仪表、五金等制造行业中。

液压系统主要用于对输出力需求较大、工作平稳、需求性较高的行业，如建筑机械、矿山设备、铸造设备等。

除了上述两类元件，电机也是重要的驱动部件，被广泛用于各种行业。如自动检测线中的输送线、间隙回转分度器、连续回转工作台、电动缸、伺服驱动机械手、机器人、数控机床的进给系统等都需要大量的电机。

自动化检定流水线中，一般选取气动方式驱动机械手等设备的工作，同时输送线采用电机分段控制。

1.2.5　控制系统

根据设备的控制对象不同，常见的控制系统主要有以下类型。

（1）纯机械式控制系统

这种控制系统主要被用于大量使用气动元件的自动机械中，还有少数情况被用于控制气缸换向控制阀全部采用气动控制阀的使用场合，这些纯气动元件的控制系统通常采用纯机械控制。对于一些控制系统运动的场合也是通过纯机械的方式来控制，如凸轮机构等。

（2）电气控制系统

电气控制系统是指由若干电气元件组合，用于实现对某个或某些对象的控制，从而保证被控设备安全、可靠地运行。电气控制系统的主要功能有：自动控制、保护、监视和测量。它的构成主要有三部分：输入部分（如传感器、开关、按钮等）、逻辑部分（如继电器、PLC 等）和执行部分（如电磁线圈、指示灯等）。在自动机械系统中，电气控制系统指能够将控制气缸运动方向的电磁换向阀换成由继电器或 PLC 来控制，即将原来的机械控制部分由可控的电气逻辑器件代替。目前，在自动化检定流水线中，PLC 已经成为控制系统的主流，将 PLC 与各种传感器配合，可以完成各种机构的动作按特定的要求及动作流程进行循环工作的控制。

在实际的电气控制系统中，除控制元件外，还需要配套使用各种开关及传感器，利用这些配套开关和传感器，实现对待测设备的位置与状态等进行检测确认，并将这些检测确认信号作为控制系统向相关的执行机构发出操作指令的条件。在自动化流水线中需要采用传感器的场合有：

① 气缸活塞位置的确认；

② 暂存位置确认是否存在待测设备；

③ 机械手抓取机构上待测设备的确认；

④ 装配位置定位夹具内待测设备的确认。

1.3　发展趋势

随着通信技术、计算机技术的不断更新发展，自动化流水线技术未来的发展趋势正朝着柔性化、智能化、网络化和标准化的方向不断发展。未来的自动化流水线技术将为新产品开发提供一个综合性的网络环境支持系统，全面支持异地的、数字化的、采用不同设计原理与方法的流水线设计工作。

1.3.1　自动化检定流水线的柔性化

随着生产需求的个性化，按需定制越来越多，相比于传统的大规模生产，这种小规模的定制对技术的要求更高。为了应对这种需求趋势，柔性制造应运而生。柔性制造系统是由统一的信息控制系统、物料储运系统和一组数字控制加工设备组成，能适应加工对象变换的自动化机械制造系统（Flexible Manufacturing System，FMS）。FMS 的工艺基础是成组技术，它按照成组的加工对象确定工艺过程，选择相适应的数控加工设备和工件、工具等物料的储运系统，并由计算机进行控制，故能自动调整并实现一定范围内多种工件的成批高效生产，并能及时地改变产品以满足市场需求。FMS 兼有加工制造和生产管理两种功能，因此能综合地提高生产效益。FMS 的工艺范围正在不断扩大，包括毛坯制造、机械加工、装配和质量检验等。采用 FMS 的主要技术经济效果是：提高设备的利用率，实现多种类型设备同时生产，减少设备数量和厂房面积；减少直接劳动力，在少人看管条件下可实现昼夜 24 小时的连续"无人化生产"；提高产品质量的一致性。

1.3.2　自动化检定流水线的智能化

人工智能（Artificial Intelligence，AI）技术是使用计算机模拟人的某些思维过程和智能行为（如学习、推理、思考、规划、决策等）的一门新的科学技术。人工智能是计算机科学的一个分支。它试图了解智能的实质，并生产出一种新的能以与人类智能相似的方式做出反应的智能机器。将人工智能技术引入自动流水线技术中，使自动流水线系统具有专家的知识、经验和推理决策能力。能够自主学习并获取新的知识，并具有智能化的触觉、视觉、听觉、语言的处理能力。能够模拟工程领域的专家进行推理、联想、判断和决策，从而达到设计、制造自动化的目的。智能化能帮助工程技术人员摆脱大量烦琐的重复性劳动，使设计、制造过程更快捷、更简便、更安全，使自动化流水线系统更实用、更高效。

1.3.3　自动化检定流水线的标准化

标准化是指在经济、技术、科学和管理等社会实践中，对重复性的事物和概念，通过制定、发布和实施标准达到统一，以获得最佳秩序和社会效益。自动化流水线技术的标准化可以设计统一原理、统一数据格式、统一数据接口，简化开发和应用工作，为信息集成创造条件。随着自动化流水线系统的集成和网络化，制定自动化流水线的各种设计开发、评测和数据交换标准势在必行。

为了适应未来自动化流水线智能化的趋势，对流水线的智能化给予赋能，在流水线的设计中，以下内容的标准化建设也要融入标准的建设规划中。

① 人工智能标准：主要包括知识表示、知识建模、知识融合、知识计算等知识服务标准；应用平台架构、集成要求等平台与支撑标准；训练数据要求、测试指南与评估原则等性能评估标准；智能在线检测、运营管理优化等面向产品全生命周期的应用管理标准等。

② 工业大数据标准：主要包括平台建设的要求、运维和检测评估等工业大数据平台标准；工业大数据采集、预处理、分析、可视化和访问等数据处理标准；内部数据共享、外部数据交换等数据流通标准。

③ 工业软件标准：主要包括产品、工具、嵌入式软件、系统和平台的功能定义、业务模型、质量要求、成熟度要求等软件产品与系统标准；工业软件接口规范、集成规程、产品线工程等软件系统集成和接口标准；生存周期管理、质量管理、资产管理、配置管理、可靠性要求等服务与管理标准；工业技术软件化参考架构、工业应用软件封装等工业技术软件化标准。

④ 工业云标准：主要包括平台建设与应用，工业云资源和服务能力的接入、配置与管理等资源标准；实施指南、能力测评、效果评价等服务标准。

⑤ 边缘计算标准：主要包括架构与技术要求、接口、边缘网络要求、数据管理要求、

边缘操作系统等标准。

⑥ 数字孪生标准：主要包括参考架构、信息模型等通用要求标准；面向不同系统层级的功能要求标准；面向数字孪生系统间集成和协作的数据交互与接口标准；性能评估及符合性测试等测试与评估标准；面向不同制造场景的数字孪生服务应用标准。

⑦ 区块链标准。主要包括架构与技术要求、接口标准、可信数据连接等技术架构与连接标准；可信数字身份、可信边缘计算、工业分布式账本、可信事件提取、智能合约等功能要求标准；性能评估标准。

1.3.4　自动化检定流水线的网络化

随着通信技术和网络技术的飞速发展，为各独立自动化单元的联网通信、实现资源共享提供了可靠保障，如自动流水线控制核心部件 PLC 技术朝着一体化方向发展，并诞生出来一种新型技术，即 OCS 一体化控制器。该控制器相较于 PLC 拥有结构更简单紧凑、安装更便捷以及控制线路更清晰的优势。此外，该控制器还能够将 HMI、FO 等各种控制器设备集成在一起，从而使自身具备了上述多种控制器的特点，使现代工业生产中的人机交互成为可能，极大简化了生产中技术人员的操作难度。这种一体化自动控制设备符合现代社会生产追求效率的需求，且随着网络时代中人机交互要求的不断提高，OCS 可编程逻辑控制器的一体化与网络特性成为工业控制自动化领域未来的重要发展方向。自动流水线的网络化，为多个企业、多个部门和工程技术人员跨时间、跨地域并行作业、资源共享提供了基础。随着自动流水线系统的集成和网络化技术的日趋成熟，自动化流水线技术可以实现资源的优化配置，极大提高企业的快速响应能力和市场竞争力。

第2章
计量设备自动化检定工作流程

本章详细介绍了计量设备自动化检定工作流程，首先对电能计量装置的分类和检定涉及的技术规范要求进行了说明，然后对计量设备自动化检定工作全流程相关的三个系统，即计量生产调度平台、智能仓储系统、自动化检定系统进行了介绍，其中主要对自动化检定流水线主要组成单元如输送单元、上下料单元等部分的设备组成、功能特点、工作原理进行了阐述。

2.1 电能计量装置分类及检定技术规范

2.1.1 电能计量装置的分类

电能计量装置是供电企业按照国家有关规定，用以记录各类电力用户乃至国家电网各电力公司的使用、售出以及购入的电能数量，并以此作为收费、考核依据的装置，这些装置包括电能表、采集设备、互感器、通信模块等各种专用设备。计量装置的失准直接导致电量的流失或多计，引起不必要的纠纷，因此，电能计量装置的准确性直接关系到供电企业的经济效益。

我国现行的电能计量装置按其所计量电能量的多少或计量对象的重要程度可以分为5类，具体分类如表2-1所示。

表2-1 电能计量装置分类

分类	应用场合
Ⅰ类	用于月平均电量500万kW·h及以上或变压器容量为10000kV·A及以上的高压计费用户、200MW及以上发电机、发电企业上网电量、电网经营企业之间的电能交换点、省级电网经营企业的供电关口计量点的电能计量装置
Ⅱ类	用于月平均电量100万kW·h及以上或变压器容量为2000kV·A及以上的高压计费用户、100MW及以上发电机、发电企业上网电量、电网经营企业之间的电能交换点的电能计量装置
Ⅲ类	用于月平均电量10万kW·h及以上或变压器容量为315kV·A及以上的高压计费用户、100MW以下发电机、发电企业厂（站）、供电企业内部用于承包考核的计量点，考核有功电量平衡的110kV及以上的输电线路的电能计量装置

续表

分类	应用场合
Ⅳ类	负荷容量为315kV·A以下的计费用户，发电企业内部经济指标分析考核用的电能计量装置
Ⅴ类	单相供电的电力用户计费用的电能计量装置

2.1.2　电能计量装置检定技术规范

为了确保电能计量装置的计量精度，相关部门及电网公司出台了大量关于计量装置质量以及检定所需遵循的规范，这些规程主要如下：

GB/T 11150—2001《交流电能表检验装置》

GB/T 15284—2002《多费率电能表特殊要求》

GB/T 17215—2007《多功能电能表》

GB/T 7215.211—2006《交流电测量设备通用要求试验和试验条件　第11部分：测量设备》

GB/T 17215.321—2008《交流电测量设备特殊要求　第21部分：静止式有功电能表（1级和2级）》

GB 19517—2004《国家电气设备安全技术规范》

JJG 597—2005《交流电能表多功能检定单元检定规程》

JJG 596—2012《电子式电能表检定规程》

JJG 691—2014《多费率交流电能表检定规程》

JJG 569—2014《最大需量电能表检定规程》

JJG 795—2004《耐电压测试仪检定规程》

JJG 1085—2013《标准电能表检定规程》

JJF 1182—2007《计量器具软件评测指南》

JJF 1662—2017《时钟测试仪校准规范》

DL/T 614—2007《多功能电能表检定规程》

DL/T 645—2007《多功能电能表通讯协议》

DL/T 585—1995《电子式标准电能表技术条件》

DL/T 731—2000《电能表测量用误差计算器》

DL/T 732—2000《电能表测量用光电采样器》

DL/T 460—2005《交流电能表检验装置检定规程》

DL/T 448—2016《电能计量装置技术管理规程》

DL/T 698.45《电能信息采集与管理系统　第4-5部分：面向对象的互操作性数据交换协议》

Q/GDW 10893—2018《计量用电子标签技术规范》

Q/GDW 11612—2016《低压电力线宽带载波通信互联互通技术规范》

Q/GDW 1827—2012《三相智能电能表技术规范》

Q/GDW 1356—2013《三相智能电能表型式规范》

Q/GDW 1373—2013《电力用户用电信息采集系统功能规范》

Q/GDW 1374.1—2013《电力用户用电信息采集系统技术规范　第 1 部分：专变采集终端技术规范》

Q/GDW 1374.2—2013《电力用户用电信息采集系统技术规范　第 2 部分：集中抄表终端技术规范》

Q/GDW 1374.3—2013《电力用户用电信息采集系统技术规范　第 3 部分：通信单元技术规范》

Q/GDW 1375.1—2013《电力用户用电信息采集系统型式规范　第 1 部分：专变采集终端型式规范》

Q/GDW 1375.2—2013《电力用户用电信息采集系统型式规范　第 2 部分：集中器型式规范》

Q/GDW 1376.1—2013《电力用户用电信息采集系统通信协议》

Q/GDW 1379.1—2013《电力用户用电信息采集系统技术规范　第 1 部分：系统检验技术规范》

Q/GDW 1379.2—2013《电力用户用电信息采集系统检验技术规范　第 2 部分：专变采集终端检验技术规范》

Q/GDW 1379.3—2013《电力用户用电信息采集系统技术规范　第 3 部分：集中抄表终端检验技术规范》

Q/GDW 1379.4—2016《电力用户用电信息采集系统技术规范　第 4 部分：通信单元检验技术规范》

Q/GDW 1574—2014《电能表自动化检定系统技术规范》

Q/GDW 1575—2014《用电信息采集终端自动化检测系统技术规范》

根据上述规程，自动化检定流水线系统各部分在设计时，应满足下述要求，方能满足相关检定标准需要。

（1）物流输送速率

托盘输送线速率：在 5～18m/min 范围可设。

输送系统每个分段的承载能力大于满载负载重量的 1.5 倍。

（2）机器人

工作半径：1.65m；重复定位精度：0.05mm。

承载能力大于满载负载重量的 1.5 倍。

（3）接拆线可靠性

每个表位电能计量设备所有接线柱一次性接线成功率不小于 99.5%。

电流接线柱施加电能表多功能检定单元测量范围最大电流 10min，温升≤35K。

每只电能计量设备的电流、电压端子动作压力：≤60N。

每只电能计量设备的辅助端子动作压力：≤10N。

（4）耐压试验装置

测试电压（AC）：0～4000V 连续可调，最大误差±3%。

漏电流（AC）：每表位 0.1～50mA 可设，允许误差±5%。

定时（s）：默认 60s，0～99s 可设，允许误差±20ms。

容量：总容量≥500V·A。

波形：50Hz 正弦波，波形失真度<5%。

额定输出应满足电能表的耐压试验需要，且能平稳地将试验电压从零升到规定值，符合电能表相应的检定规程。

（5）图像识别正确率

图像识别对不合格电能计量设备判断的正确率达 100％，误判率小于 1％。用于图像识别的工业相机，应满足如下要求。

焦距：12~30mm。

光圈范围：F1.4~F16。

像素：130 万以上。

采集帧率：30fps 以上。

Ip 等级：Ip51 以上。

（6）准确度及多功能检定单元

装置准确度等级：0.1 级。

装置测量范围：3×（57.7~380）V，3×（0.1~100）A。

标准电能表：采用多量程数字式标准电能表，准确度等级为 0.05 级，年变差≤300ppm。

标准电能表测量范围：3×（57.7~380）V，3×（0.1~100）A。

隔离 TV 等级：0.01 级。

标准频率计准确度：≤10^{-7}。

其它指标应符合 JJG-597 及国家相关标准要求。

（7）刻码可靠性

电能计量设备加封尺寸一致的情况下，刻码成功率 99.9％。刻码完成后需具备检测是否成功刻码的功能，识别准确率 100％。

（8）贴标可靠性

自动贴标成功率 99.5％。贴标完成后需具备检测是否成功贴上标签的功能，贴标完好性识别准确率 100％。

（9）可编程控制器（PLC）

模块化设计，可按需要增加 I/O 模块。

通讯模块最少能扩展 4 个通讯口。

程序容量至少能有 200K。

程序的单步运行时间最大为 0.3μs。

I/O 输入必须为 DC（0~24）V。

PLC 运行出错时，必须有指示灯提示并有相关的 I/O 输出。

程序的编写采用模块化编制，每个 I/O 都要有相应的注解。

程序由每个功能段落组成，结构清晰，易于维护及扩展。

CPU 的负载能力 50％以上，现场 I/O 30％以上。

2.2　电能计量检定全过程系统

电能计量设备在整个流通过程中，涉及计量器具的供应商、电能计量中心、各级供电公司以及最终用户，这些机构各司其职，共同完成计量器具的生产、检定以及使用环节。在这些环节中，电力公司承担了采购、仓储、检定、配送、质量监测等各个环节，承担了计量器具流通使用过程中的主要工作，为了顺利完成这些工作，国家电网公司在各省成立了省市级计量中心，实现了各地区的计量表计整体授权和集中检定配送管理的模式，实现了计量设备的统一采购、集中检定、统一仓储和配送，并建立了智能仓储物流一体化系统。

电能计量设备自动化检定及智能仓储一体化系统主要由计量生产调度平台、智能仓储系统、计量装置检定系统等组成。系统结构如图 2-1 所示。

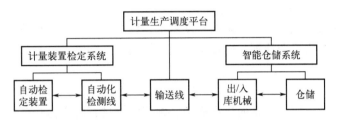

图 2-1　计量装置自动化检定系统架构图

2.2.1　计量生产调度平台

为了满足数量众多的计量装置的集中采购及集中检定工作，保质保量地完成计量装置每一项检测工序，计量检测平台在设计时应能具备集中采购、集中检定、统一存储、统一配送，以及计量资产的全生命周期监控功能。计量生产调度平台以计量中心生产管理业务为基础，与营销管理系统进行无缝集成，对自动化检定系统、智能立库进行可视化监控调度，实现计量设备的采购、检测/检定、立库配送管理，以及资产全生命周期监控，总体架构如图 2-2 所示。

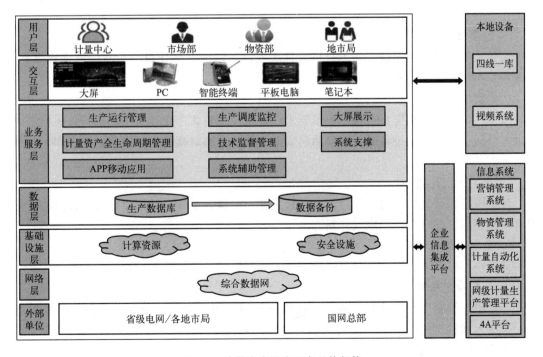

图 2-2　计量生产调度平台总体架构

（1）集中采购

电能表、互感器、计量自动化终端等计量设备将集中在计量中心进行到货验收、检定/检测、存储、并统一调拨配送，实现检定与采购、存储、配送的规模化效益，其具体的业务需求如下。

① 定额需求

根据年度项目、业扩、故障等业务需求，编制年度计量物资储备定额需求。按照公司物资储备金、周转率确定定额。

② 年度采购需求计划

收集各地区供电公司计量物资采购年度需求，结合计量中心库存情况，提出公司年度招标采购需求计划与采购资金计划，向物资部门提出招标采购需求，签订物资采购框架合同与技术协议。

③ 采购管理

按照库存、储备定额、设备的生产周期、领用需求进行物资需求分析，生成订单需求。

④ 到货计划

计量中心根据月度需求预测和合同信息编制到货计划、编制供货通知，通知供应商按照要求及时供货。

⑤ 到货验收

计量中心在供应商供货完成后开展到货登记和资产预建档工作，依次开展扫码核验、到货验收、首检验收工作。到货验收合格后出具验收合格报告，生成正式资产档案，完成合格设备入库，到货验收结论信息、正式档案信息同步至物资系统，到货验收结论信息、抽样检定检测结果信息、正式档案信息同步至营销管理系统。首检验收合格，首检验收结论信息、首次检定结果信息同步至营销管理系统。到货验收、首检验收不合格则执行不合格设备退换货工作。

⑥ 退换管理

到货验收、首次检定确定为不合格的批次或设备，统一由计量中心与厂家进行整批/部分退换。

（2）集中检定

按照网、省公司物资集中检定改革要求，计量设备将集中在计量中心进行首次检定，地区供电公司仅负责计量设备的现场检测、周期性抽检、临时检测、报废鉴定等工作，其具体的业务需求如下。

① 编制检定计划

计量中心综合到货计划、库存信息、检定能力、储备定额、地区供电公司计量物资月度需求预测等因素确定月、周检定计划。

② 编制差异化检定方案

计量中心综合考虑费率、时段等政策性差异配置参数，编制差异化检定方案。

③ 分配检定任务

计量中心综合周检定计划、各检定线检修计划等因素分配检定任务，指明具体检定日期、检定人和检定线。

④ 执行检定任务

计量中心执行具体首检任务，检定任务完成后，检定不合格表可进行不合格设备复检。

首检不合格启动退换处理流程，并开展电能计量设备质量事件处理。

⑤ 首检信息及首检结果信息同步

自动化检定系统在检定完成后，将检定检测结果信息上传计量平台，在计量平台完成检定结果分析。计量平台将法定计量器具（电能表、互感器）检定过程的原始数据信息全部传递至营销管理系统，将其他设备的分项总结论信息传递至营销管理系统，并将首检分析结果信息同步至营销管理系统。

⑥ 现场检测

省网关口计量装置（220kV 及以上互感器）由计量中心负责现场检测，平台需具备档案信息录入、周期检验情况跟踪、检验数据录入或导入功能。

（3）统一存储

电能计量设备省级集中检定后，将改变传统电能计量设备存储业务模式，全方位提升存储业务管理水平。电能计量设备集中存储后，通过智能立库实现工业化、自动化、流水线化的作业模式，降低生产成本、提高生产效率、提升存储质量与管理水平，其具体的业务需求如下。

① 移库管理

计量中心对到货的计量设备按批次验收合格后办理入库，建立储位信息。按领用需求对计量设备进行配送移出，生成配送任务。对于检定不合格需退换物资分区存储，并办理退换货及立库移出，待退换货完成并重新验收、检定合格后重新办理立库移入。

② 库存盘点

按照物资部门管理要求开展实物盘点对账。

（4）统一配送

按照物流立库管理相关规划，依托物流公司配送，其具体的业务需求如下。

① 编制配送计划

计量中心综合地区供电公司月度需用计划、库存、检定能力、配送地点等因素制定配送计划，并根据紧急情况分为一般配送计划和紧急配送计划。

地区供电公司根据计量中心周、紧急配送计划，填报计划匹配项目信息，反馈至计量中心后，由计量中心出具调拨单与出库单信息送计量生产调度平台办理出库。

② 编制配送任务

计量中心综合配送计划、地区供电公司月度需用计划、库存监控情况等因素制定配送任务。

③ 执行配送任务

计量设备由计量中心配送至各地区供电公司，各地区供电公司负责配送至各自管辖区域施工现场仓库或计量智能周转柜。对于各地区供电公司的紧急用表需求，经需求单位、计量中心相关人员审批后由计量中心配送。

（5）计量资产全生命周期监控

检定中心运作后，将承担着公司范围内计量资产管理职责，应从计量资产的长期效益出发，充分发挥管理集约化的要求，全面考虑计量设备采购、验收、检定、仓储、配送、领用、安装、运行、拆除、鉴定报废十个环节全过程监控，提高电能计量资产的使用效率，降低运营成本，提高计量资产管理的标准化、精益化和自动化水平。

计量资产全生命周期监控涉及设备范围包括电网公司范围内计量资产设备（含电能表、

互感器、计量自动化终端等）和用户资产设备。针对用户资产设备，进行状态监控，具体业务内容如下。

① 全生命周期整体展示

综合分析计量设备十大环节业务数据，以资产状态整体情况、年度计量生产情况、资产质量情况、资产运行情况等主题，通过数据收集、分析计算，最后以图形化的方式直观展示公司各类计量设备全局的状态情况。

② 全生命周期状态监控

通过对采购、验收、检定、仓储、配送、领用、安装、运行、拆除、鉴定报废十个环节过程中产生的不同设备状态及流转情况进行全过程数据统计分析，依据网省公司设备管理要求，对异常状态数据进行报警监控，对异常环节进行分析展示。

③ 全生命周期质量分析

通过对单个计量资产、批次计量资产的质量情况进行多维度（生产厂家、技术条件等）的数据计算和综合分析，为计量资产全生命过程质量管控决策提供合理的数据分析支撑，科学、直观、精确地对供应商信息、供应商评价信息进行评价分析，为后续设备质量提升提供定向指引。

各业务内容与其它部门的关联内容如下。

与各地区供电公司。计量中心负责计量设备报废鉴定，集中回收各地区供电公司待报废的计量设备，开展集中检定，结论合格的可以返还至各供电公司再利用，结论不合格的直接报废处理。

（6）生产管理

在计量中心投入运行后，须对生产设施和生产环境运行状况进行现场巡检和实时监控，密切关注设备生产运行情况，对设备故障进行及时抢修处理，并根据运行情况动态生成周期检修计划和检修方案，保证生产设备、设施运行状态良好。

检定中心生产管理涉及范围包括：自动化流水线检定系统的运行监控、现场巡检、定期维护、故障检修等，其具体的业务需求如下。

① 运行监控

设备运行监控：根据生产计划和紧急情况对设备进行启停控制，通过系统对计量检定中心生产设备和环境状态进行监测，发现异常情况和告警信息派发工作任务给现场巡检人员或检测人员。对计量中心库房、地区供电公司周转仓及各地区供电公司计量包的库存信息进行监控。

计划/任务监控：对需求计划、到货计划、检定计划、配送计划、检定任务、移出任务、移入任务、配送任务的执行情况进行监控，并以图表方式实时监控生产计划、任务的完成情况。

库存信息监控：对计量中心库房、地区供电公司周转仓及各地区供电公司计量包的库存信息进行监控。

② 现场巡检

根据巡检计划和任务内容对生产设备和生产场所进行定期巡视，检查关键设备、区域和部件是否运行正常，将巡检情况反馈给运行监控人员。根据运行监控人员发现的异常情况进行现场针对性检查和异常处理。

③ 定期维护

根据设备运行维护要求，定期对设备进行清洁、紧固和润滑，定期对设备进行检查、检测，定期更换易耗品和易损部件，保证设备始终保持在良好的运行状态。

④ 故障检修

制定设备检修计划，对设备异常情况进行检修，恢复到正常运行状态。在设备发生故障时，对设备进行抢修，尽快修复设备故障，投入生产运行。

⑤ 生产设备资产管理

对生产设备、备品备件进行台账管理。根据运行异常和故障情况，评估、申请和开展设备技改大修计划，根据备品备件和易耗品使用情况，定期购置补充备品备件和易耗品。

（7）计量技术监督管理

计量技术监督管理主要包括计量体系管理、设备质量监督。公司计量中心须对公司直属各供电公司电能计量实验室、计量多功能检定单元、检定人员和检定印证等进行统一管理，须开展计量设备招标送样检测、运行质量抽检等质量监督工作，以及临时检定和委托检测工作，其业务需求如下。

① 计量体系管理

对公司内计量实验室管理进行统一管理，维护好实验室管理体系文件，每年组织对实验室环境、人员和设备进行检查，做好实验室计量授权复查。监督管理好公司内部量值传递工作，统一开展装置建标、复查，开展标准更换、维护，做好计量印证管理，未经省质监局批准的计量标准不得用于计量器具检定工作，未在检定有效期的计量标准不得用于电能表、互感器检定、检验工作。做好计量人员岗位技能培训，组织人员参加持证考核，实现所有计量检定人员持证上岗。

② 设备质量监督

按照网省公司计量设备招标采购工作安排，开展招标前送样检测工作。对中标供应商，在供货前进行抽样检测，检测合格才能供货。每年对运行中计量设备按供货厂家、年份等抽取一定数量，开展运行质量抽检，结合现场运行故障情况，对设备运行质量进行综合评价分析。接受客户临时检定、检测或设备厂家委托检测申请，开展相应检定、检测工作。

③ 量值传递管理

主要开展计量标准设备年度送检及现场检测工作，实验室检定/校准过程管理、报告出具管理。

2.2.2　智能仓储系统

智能仓储作为整个检测平台的重要组成部分，承担了计量装置的存储、调配以及运输等功能。

智能仓储系统由管理层、传输层、执行层组成。管理层为仓储系统管理平台，接收计量生产管理平台下达的出入库任务，对整个仓储系统进行管理和控制，并将出入库结果上报生产管理平台。传输层为输送单元，完成电能计量设备在出入库过程中的输送和定位。执行层由若干功能单元构成，执行仓储系统管理平台指令，实现对电能计量设备的自动存储、自动出/入库等。智能仓储与自动检定系统实现无缝对接。

电能计量设备在仓库内按需要自动存取，并与智能仓储以外的生产配送环节进行无缝对接，实现了电能计量设备物流的自动化、智能化、标准化、流程化。提高电能计量设备的周转、存储、配送效率，提升仓储管理水平、规范仓储作业流程。智能仓储整体示意图如图 2-3 所示。

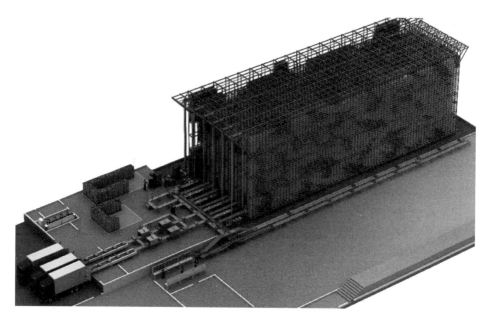

图 2-3　智能仓储整体示意图

（1）智能仓储功能构成

智能仓储系统按照业务功能分为库前区、库区、自动检定试验室楼层接驳区、气源系统、电气控制系统和仓储管理系统等部分。

① 库前区

该区域主要实现电能计量设备的来货接收/配送、身份识别及绑定、自动拆/叠盘、大批量出入库缓存等功能。主要包含辅助搬运叉车、输送线体、信息识别、拆/叠盘等设备。

② 库区

库区主要用于存储各种状态的电能计量设备。库区主要包含立体货架、堆垛机、钢平台等设备。

③ 自动检定试验室楼层接驳区

该区域实现待检/已检电能计量设备与自动检定系统的无缝对接，将电能计量设备输送至各自动检定实验室，再将检定完成的电能计量设备输送回库区。自动检定实验室楼层接驳区主要包含输送线体、身份识别设备和异常处理口等。

④ 气源系统

气源系统为自动拆/叠盘和自动检定系统等提供气压，满足系统使用需求。气源系统主要包含空压机、干燥机、储气罐、输气管道等。

⑤ 电气控制系统

电气控制系统实现堆垛机、自动拆/叠盘机、输送线体、身份识别及绑定等设备的控制功能。电气控制系统主要包含 PLC、配电柜、分控柜、人机界面、操作按钮等。

⑥ 仓储管理系统

仓储管理系统由 WMS（Warehouse Management System）、WCS（Warehouse Control System）系统接口组成，主要具备入库管理、出库管理、存储管理、库存管理、信息查询、报表管理、安全管理等功能。

（2）主要设备功能

① 输送系统

输送系统包含库前输送系统（见图 2-4）、皮带输送系统（见图 2-5）、检定线接驳输送系统（见图 2-6），主要实现电能计量设备的自动移载和输送。

图 2-4　库前输送系统

图 2-5　皮带输送系统

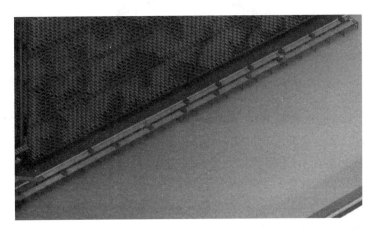

图 2-6　检定线接驳输送系统

② 立体货架

立体货架采用牛腿式组合货架，用于存放电能计量设备，如图 2-7 所示。

图 2-7　立体货架示意图

③ 堆垛机

堆垛机由行走电机通过驱动轴带动车轮在下导轨上做水平行走，由提升电机带动载货台做垂直升降运动，由载货台上的货叉做伸缩运动，从而实现电能计量设备由入库站台自动搬运至立体货架相应货位，或由立体货架相应货位自动搬运至出库站台，堆垛机可分为单立柱堆垛机和双立柱堆垛机，如图 2-8 所示。

单立柱堆垛机　　　　　双立柱堆垛机

图 2-8　堆垛机示意图

④ WMS 系统

WMS 系统：全称仓库管理系统（Warehouse Management System，WMS），主要负责智能仓储业务管理，如任务的管理、任务的跟踪、库存的查询、相关其他报表查询。根据任务生成分段指令并下发给 WCS 系统。

本系统主要实现相关业务，主要由几大模块构成。

- 相关基础数据的维护，如：库房管理、库区管理、货架管理、仓位管理、站台管理、出入口管理、巷道管理等；

- 任务监控：对待执行、执行中、已经完成的任务进行监控。最核心的是执行中的任务监控其生成的指令的监控；
- 仓位监控：主要监控某一排货架的库存情况；
- 四大主任务流程：新品入库任务，本地出库，检定出库，检定回库；
- 各个模块的日志记录和异常分析：提供系统日志的界面，按照各个功能模块划分日志区域，根据详细的日志记录可进行异常分析；
- 系统管理如用户管理、角色管理、功能管理、编码管理等。

⑤ WCS 系统

WCS 系统：仓库控制系统（Warehouse Control System，WCS），主要接收 WMS 发送过来的指令，并按指令要求将一垛货物搬运到 WMS 指定的位置。主要功能为对整个立体仓储所有的设备进行物流控制。

WCS 系统主要的功能是接收 WMS 系统下发的指令，然后解析指令，根据指令的命令向 OPC（OLE for Process Control）下发从而控制设备的物流方向。

本系统主要的几大模块如下。

- 设备管理类：根据各个项目的方案图上的实际设备，进行所有设备对象的创建和映射关联；
- 实际的设备类实现：如各种 RFID、长激光、箱条码扫描枪、叠盘机、滚筒线等设备，诸如这些设备都各自实现自身的扫条码等功能业务。然后通过设备管理类进行串联。所有设备的工作日志都要求记录得非常详细，是分析异常的重要证据；
- OPC 读写操作类：通过对 OPC 写 DB（Data Base）块地址，控制设备的物流方向，可以单个或者多个 DB 块地址进行读写；
- 指令分发器：为 WCS 系统的核心模块，WMS 向 WCS 下发的所有指令都保存在该类，所有的设备都在该类进行注册，注册信息为入口地址和出口地址，然后指令分发器根据设备的注册地址按照指令的分发逻辑进行指令分发至设备，实际上是根据一段指令将所有设备进行串联，达到所有设备协调工作，实现货物的物流搬运。

（3）智能仓储系统工作流程

智能仓储的所有出入库操作均是在计量检定调度平台的调度下由管理层、传输层、执行层相互配合共同完成。设备出入库作业的完成包括设备实物操作完成与数据信息更新完成。

① 电能计量设备来货入库流程

- 工作人员从货车内卸货并把电能计量设备周转箱放在两条伸缩皮带输送线上；
- 利用伸缩皮带输送线上的电能计量设备分别进行信息识别；
- 对于信息识别失败的周转箱单元，从剔出口进入人工异常处理位，进行人工处理，完毕回线重新进行信息识别；
- 信息识别成功的电能计量设备周转箱通过输送机自动输送到周转箱接驳口利用机器人码垛区域进行码垛，在输送过程中由信息自动识别系统记录电能计量设备及周转箱信息；
- 检测合格的电能计量设备垛，输送机和堆垛机通过仓储管理系统分配货位地址并生成入库指令进行入库，设备入库完成重新更新库存；

② 电能计量设备检定出入库流程

- 仓储管理系统接到检定系统出库任务后分配货位地址；

- 电能计量设备出库，经过信息自动识别确认后输送到各个检定线，到达各个自动检定流水线或人工多功能检定单元并返回完成标志后完成更新库存；
- 自动检定流水线或人工多功能检定单元检定完毕后电能计量设备回库，经过自动识别系统信息识别后检定信息存储到仓储管理系统并对库存进行更新。

③ 电能计量设备配送流程

- 电能计量设备的配送出库采用周转箱形式；
- 仓储管理系统分配货位地址，生成出库命令，设备出库完成并重新更新库存；
- 对于出库信息有误的，剔出至人工异常位进行处理。

2.2.3 自动化检定系统

电能计量领域，自动检定系统为电能表自动化检定流水线，由输送单元、上下料单元、耐压试验单元、外观检查单元、多功能检定单元、自动刻码单元、自动贴标单元、数据管理系统等组成，实现电能表自动上料、自动传输、自动定位、自动封印、自动检定、智能装箱等检定作业的全过程自动化、智能化。自动化检定系统布局如图 2-9 所示。

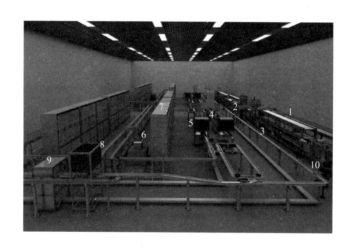

图 2-9 自动化检定系统布局图

1—仓储接驳单元；2—上料单元；3—输送单元；4—耐压单元；5—外观检查单元；6—自动挂表单元；
7—多功能检定单元；8—刻码单元；9—贴标单元；10—下料单元

2.2.3.1 输送单元

输送单元作为检测流水线的传动机构，是组成搬运和测试系统的高传送平台。它适用于要求精密定位的工位，或者是用于建立半自动或全自动系统。在自动化流水线运行过程中，输送线完成对周转箱输送和电能表输送。

（1）设备组成及功能特点

整个自动化检定流水线中，输送装置由两种不同的线体结构组成。

第一种是周转箱箱输送系统，采用多楔带直流辊筒输送方式，结构简单，能够承受较大的冲击载荷。其主要设备为电动辊筒，是一种将电机和减速器共同置于辊筒体内部的新型驱动装置，而传统的电动机减速器在驱动辊筒之外为分离式驱动装置。它主要应用于固定式和移动式带式输送机。电动辊筒具有结构紧凑、传动效率高、噪声低、使用寿命长、运转平稳、工作可靠、密封性好、占据空间小、安装方便等诸多优点，并且适合在各种恶劣环境条件下工作。

滚筒式线体示意图如图 2-10 所示。

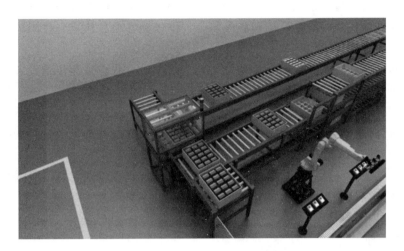

图 2-10　滚筒式线体示意图

第二种为链板传送线系统，主要用于系统电能表拖盘的输送，主要由链板、控制电机、挡停机构构成。

链板传送线示意图如图 2-11 所示。

图 2-11　链板传送线示意图

输送单元的功能特点如下。

- 输送机构能够完成周转箱输送和电能表输送，输送效率满足自动化检定的节拍需求。托盘输送线将托盘内的计量器具输送到各专机单元内相应表位时，能准确定位，具备可靠的制动、限位功能；
- 输送机构的设备选用符合 GB/T 10595、GB 14784、JB/T 7012、GB/T 14253、GB/T 30029 等相关国家标准要求，设备外形轻巧、噪声小、传送速度快、机械磨损小、动作稳定可靠，且易维护；

- 输送机构按周转箱输送、电能表输送途径和数量，配置足够的输入、输出设备与载荷；
- 在与检定效率直接相关的输送环节设置必要的缓冲区；
- 输送至指定位置后定位准确，具备运动和限位功能，同时具备传感判断功能，能够识别判断电能表的所处位置和启停状态，输送到各项目检定、检测单元内的相应检测位时，能准确定位；
- 输送机构具备状态和数据采集功能，在全线体设置状态采集传感设备，有效监测运行位置和运行状态，并实时反馈给管理系统；
- 输送线体上配备扫描设备，具有条码或 Radio Frequency Identification（以下简称 RFID）信息识别功能，对电能表进行身份识别及信息准确性验证，同时将电能表条码号与相应的多功能检定单元及其表位绑定；
- 输送机构配备分拣输送功能，对待检电能表进行身份识别之后，能按品规自动分配到不同的项目检定、检测单元；
- 输送到各项目检定、检测单元内的相应表位时，能准确定位。

（2）工作原理

滚筒输送机在水平输送周转箱时，通过驱动装置将动力传给滚筒，使其旋转，通过滚筒表面与周转箱表面间的摩擦力对其进行输送。输送线各电机安装有变频器和相应的传感器，对电机运行情况进行监测，同时根据需要调整输送线的输送速度，输送线根据实际布局进行合理分段，按照"用则动，不用则静"的原则进行分段控制。

周转箱输送线能够准确定位输送周转箱至各个工位，当周转箱输送异常能够报警，异常情况控制系统处理后，自动进入后续工位。同时设置有足够容量的出入库缓存区，用于放置出入库的电能表。

链板输送线在输送电能表过程中，根据实际布局进行合理分段，采用电机分段控制的方法。其通过与控制系统、RGV 机器人配合进行电能表的自动挂表/下料。

2.2.3.2　上下料单元

待检电能表通过周转箱输送模块输送至上料单元，上料单元采用机器人完成，自动把待检电能表从周转箱中取出，放入电能表的输送线的托盘中。下料单元根据获取的周转箱箱号，对已完成刻码、贴标的合格电能表进行装箱。装箱完毕，将电能表条码编号与箱号绑定，并将信息上传至检定调度数据库。同时将完成装箱的周转箱输送至立库。

（1）设备组成及功能特点

上下料单元采用机器人完成，能够自动完成精确定位、抓取、移栽、方向自动识别、定位放置等处理，如图 2-12～图 2-13 所示。

上下料机械手应与所选用的机器人配套的夹爪模式，其夹持力应满足一次性抓取的要求。

机器人气动夹取装置的抓取力度设置有一定冗余，在抓取不同类型的电能表时，均保证不发生掉表、定位失效等情况；气动夹取装置结构紧凑，能实现自动换取夹爪，具备应急保护措施，停电、停气不能出现掉表、定位失效等情况。抓取异常时有声光报警并反馈到检定检测系统软件中。机械手应与所选用的机器人配套的夹爪模式，其夹持力应满足一次性抓取的要求。

图 2-12　上料机器人工作示意图

图 2-13　下料单元结构示意图

上下料机器人的主要部分可分关节、执行机构（夹爪等）、控制系统和传感器等。关节主要由传动系统、运动轴系、动力传输器、各种传感器等组成。

最常见的六轴机器人，其每一个轴的作用和结构都不尽相同。各轴的运动方式和方向不同，第一轴——旋转轴（S 轴）：S 轴是连接着工作台的主轴，主要作用就是承担着整个机械臂的重量和绕着底座的竖直方向（Z 轴）左右转动。第二轴——下臂（L 轴）：L 轴的作用是控制机器人整条手臂在工作台 XOY 坐标面上前后摆动和沿着 Z 轴上下运动。第三轴——上臂（U 轴）：U 轴的作用是辅助第二轴控制机器人在 XOY 面上前后摆动，但运动范围要小于第二轴，是控制底座坐标系与末端坐标系的重要中间部分。第四轴——手腕旋转（R 轴）：R 轴是机械臂绕轴旋转的部分，主要是为末端执行机构提供位置转换和力量承接的作用。第五轴——手腕摆动（B 轴）：B 轴的作用主要是控制和调整末端执行机构的转动，通常当目标物被手爪抓取时，机械臂可以通过第五轴控制目标物翻转。第六轴——手腕回转（T 轴）：U 轴的主要作用是控制末端执行机构 360°旋转，例如可以通过旋转第六轴来实现产品在不同生产线之间的快速转移。

上料单元功能特点如下。

① 完成与仓储系统主输送线的对接；

② 待检电能表通过仓储系统输送至上料装置，由机器人自动把待检电能表从周转箱中取出，放入检定系统输送装置；

③ 机器人上料准确可靠，节拍满足自动化检定需求；

④ 当电能表在周转箱中摆放姿态或周转箱姿态异常等状况导致无法正常上料时，上料装置提醒人工干预；

⑤ 完成上料的空周转箱自动送入空箱缓存装置，用于下料装箱；

⑥ 具备电能表在周转箱内任意位置不满箱的上料功能。

下料单元功能特点如下。

① 当有连续两个任务的电能表同时在线检定时，不满垛缓存区能准确区分不同任务、不同状态的电能表，对合格和不合格电能表分别缓存、装箱、码垛；

② 当不合格电能表缓存满一箱时，应能自动装箱；

③ 检定任务完成时，同一任务的电能表，最后只允许一个合格不满箱/垛和一个不合格不满箱/垛，并自动输送至仓储系统；

④ 机器人气动夹取装置的抓取力度在设置上应有一定冗余，在抓取不同类型的电能表时，均保证不发生掉表、定位失效等情况；

⑤ 气动夹取装置结构紧凑，能实现自动换取夹爪，具备应急保护措施，停电、停气不能出现掉表、定位失效等情况。抓取异常时有声光报警并反馈到检定检测系统软件中。

（2）工作原理

在设备上料时，通过定位系统对周转箱进行精准定位，机械手利用吸盘海绵从纸箱中取出待检表，放到中间表计缓存区，然后经二次抓取后放至托盘，取完表后的空箱由提升机输送至空箱缓存区。

在设备下料时，空箱缓存区的空箱由提升机输送至下料区域，并通过定位系统对周转箱进行精准定位，机械手利用吸盘海绵从托盘取出待检表，放到中间表计缓存区，然后经二次抓取后放至周转箱。

2.2.3.3 外观检查单元

外观检查单元对电能表进行外观尺寸、铭牌信息与液晶显示、指示灯等外观信息进行拍照识别，经图像处理软件与标准外观模板进行对比，自动判断被测表计是否合格，并将判别结果上传至检定调度平台数据库。

（1）设备组成及功能特点

外观检测单元由工业相机、用于装置运动的驱动机构、加电控制单元和图像信息处理软件等部分组成，在计量产品自动化检定系统中实现待检表计信息提取的作用，如图 2-14 所示。

完成自动化检测后的电能表托盘经输送线体传输到外观检测单元，到位后首先通过 CDD 摄像头读取外观尺寸、铭牌信息。确定产品种类后，启动加电端子。加电端子根据产品种类启动不同的压接机构和上电机构，加电端子自动压接，系统默认插针通电，模拟电能表正常工作状态，液晶屏幕点亮后，外观检测装置经电缸机构移动到待检表计正上方，工业相机通过图像处理软件进行液晶判断。判断完成后数据上传后释放压接，挡停放行托盘，检测结束。

图 2-14 外观检测单元示意图

外观检测单元应具有的功能特点如下。

① 外观检测单元能够完成电能表的信息提取，装置检测效率满足自动化检定的节拍需求；

② 装置配备工业智能相机，配合自动接线机构能够对电能表自动加电，工业相机自动拍照，结合先进的图像处理软件算法，进行电能表外观检测；

③ 装置能够根据电能表条码信息自动查询系统数据库，加载被测表计的标准外观模板，比对拍照图像和标准模板，自动判断被测表计是否合格；

④ 能够自动完成电能表的外观、铭牌标志、液晶全屏显示和指示灯的拍摄、检测；

⑤ 能够进行自动接线、模拟运行工况；

⑥ 进行外观、铭牌、指示灯等内容的检查；

⑦ 能够自动完成电能表 LCD 液晶显示检测；

⑧ 自动拍下各屏画面并与标准图片进行比对，判定有无不显、缺段、显示内容错误等不合格项。

（2）工作原理

该单元主要利用配备工业相机，配合自动接线机构能够对电能表自动加电，工业相机自动拍照，结合先进的图像处理软件算法，实现对电能表外观检测。通过定位系统对托盘进行精确定位，由顶升将托盘抬起，自动压接装置将托盘上电能表的电压、电流、辅助端子可靠压接，外观检测单元配有工业级高清数字相机，电能表通电后，将液晶显示上的数字、字符与数据库中储存的模板进行对比，检查是否有缺漏，铭牌上的关键字段是否完整，并将电能表外观检查的数据和结果传输至信息管理系统并实时刷新。

2.2.3.4 耐压试验单元

检测系统将待检电能表自动输送至耐压试验工位时，挡停机构对电能表进行挡停，自动完成电能表耐压试验。全自动进行耐压试验，包括自动挡停、顶针自动压接、自动加电、耐压仪自动升压、测试完成自动降压、自动退出顶针、自动判定试验结果，自动读入检定检测方案并开展测试，完成电能表检定规程及规范规定的交流电压试验，自动判断检定结果，并将检定数据存储、上传。

（1）设备组成及功能特点

耐压试验单元主要由多表位程控交流耐压仪、漏电流检测仪、接驳端子、工控机及其他相关配套设备组成。检定检测系统将待检电能表自动输送至耐压试验工位时，挡停机构对电能表进行挡停，自动完成电能表耐压试验。整个耐压试验的各环节，如自动挡停、顶针自动压接、自动加电、耐压仪自动升压、测试完成自动降压、自动退出顶针、自动判定试验结果均自动完成。测试方案也采用自动读入检定检测方案并开展测试，再完成电能表检定规程及规范规定的交流电压试验，自动判断检定结果，并将检定数据存储、上传。

耐压试验单元示意图如图 2-15 所示。

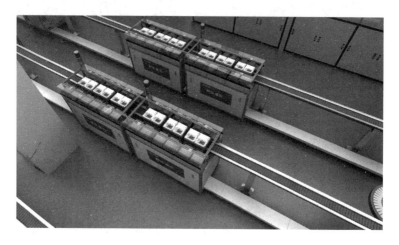

图 2-15　耐压测试单元示意图

耐压单元的外形、结构、尺寸应与检定检测系统整体设计，有效集成，结构稳定、工艺美观，耐压仪能方便拆卸，试验中不应出现闪络、飞弧和击穿。

各单元之间预留足够缓存位置，实现最大的检测效率。正常时并行运行，某一套耐压试验单元故障时，其他能正常运行，不影响检定检测系统运行。

耐压试验的方法、接线方式等具体要求及测试方法完全符合 JJG 596—2012《电子式电能表检定规程》对交流电压试验的最新要求。不同类型的待检对象对应不同的耐压值，切换耐压值时保证试验单元安全、稳定、可靠，并具有自检功能，保证切换后的耐压值符合实验要求。

耐压检测单元应具有的功能特点为：

① 电能表到位后，自动定位、顶针自动对接、自动加电、自动测试，完成后自动掉电、自动退出顶针；

② 耐压试验单元设置安全防护罩，与外界有效隔离，设置门控开关并与电源闭锁，配装电气辅助触点，当打开防护罩时，自动切断电源；

③ 采用程控式，可根据生产调度平台下载的方案设置试验电压值及电压持续时间，试验方法符合 JJG 596—2012 要求；

④ 实验过程中，漏电流检测仪实时对每个表位的泄漏电流进行检测，当泄漏电流大于预先设置的击穿报警电流时，自动切断该表位的试验电压。状态指示该表位耐压击穿，其他

表位正常进行试验；

⑤ 在试验完毕后，读取各表位的耐压结果；

⑥ 耐压仪的外形、结构、尺寸与检定系统整体设计，有效集成，结构稳定、工艺美观，耐压仪能方便拆卸；

⑦ 装置在醒目位置装有状态指示灯，指示当前工作状态；

⑧ 耐压试验单元低端单独可靠接地，不与其他检定单元共用一根接地线，防止所产生的高压对其他装置产生干扰。耐压仪低端单独接地，防止所产生的高压对其他设备产生干扰。

（2）工作原理

耐压测试时，由耐压仪产生设定的高电压加在被测电能表上，持续一段规定的时间，然后通过测试回路中的漏电流值的大小来检测电能表的耐电压能力。如果在规定时间内漏电流值保持在规定的范围内并且过程中未出现放电、击穿现象，则可认为电能表具有足够高的绝缘性能。

在应用中，耐压仪采用程控式，可以在工控机上设置试验电压值及电压持续时间。试验过程中，耐压仪能对每个表位的泄漏电流进行检测，当泄漏电流大于预先设置的击穿报警电流时，自动切断该表位的试验电压，并指示该表位耐压击穿，其他未击穿表位继续耐压试验。漏电流检测仪在耐压测试时，高压继电器吸合，表位上施加高压，漏电流检测仪实时检测每个表位的漏电流，一旦出现漏电流超过阈值，即控制高压继电器切断该表位的高压回路，指示灯发出红色报警信号并将检测结果上传系统。试验完成后，检定软件可以读取各表位的耐压结果，上传至系统。

2.2.3.5 多功能检定单元

耐压测试合格的电能表进入多功能检定单元，自动完成智能电能表规定项目的检定。不同流水线的多功能检测装置可实现单相电能表、三相电能表（含直接接入式和经互感器接入式）的检定。

（1）设备组成及功能特点

电能表多功能检定单元主要由信号源、电子式标准电能表、功率源、时钟仪、工控机等组成，如图 2-16 所示。

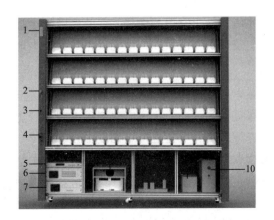

图 2-16　多功能检定单元结构示意图

1—装置运行灯；2—急停开关；3—压接按钮；4—检定端子；5—1012B；
6—信号源；7—标准表；8—功切箱；9—多路 PT；10—工控机

检定检测项目可按规定的条件、项目进行试验，并对结果作出判定。

该单元的主要功能特点如下。

① 检定检测装置采用程控式设计，利用计算机控制，自动完成电压、电流、相位的升降、调节和各个检定检测项目，并能选择电压、电流升降模式切换，电压、电流、相位角各量程之间切换时，从原状态直接切换，无需复位到零重新升降；

② 检定检测装置具有自检功能，并将自检结果反馈给计算机软件；

③ 采用隔离 CT 方式，用于直接接入式电能表的装置，能实现电压、电流回路不脱钩检定；

④ 检定检测装置每个表位（相）具有电流回路开路检测功能，当检测到某个表位（相）电流回路开路时，自动短接该表位。开路检测响应速度快于检定检测装置的电流开路保护，具有短接继电器的状态输出，能被检定检测软件即时读取；

⑤ 检定检测装置具有内部空间温度、功率源、标准表接线、内部关键元器件及表位检定检测接线柱温度监测功能，检定软件能实时监测并读取以上温度信息，当温度超过设置的阈值时有自动报警提示，并通过上行通讯方式传到监控系统。当表位接线温度超过监测阈值时，能自动短接该表位的电流回路；

⑥ 检定检测装置具有电压、电流、相位输出监视功能，能在本地和控制室集中显示、监控，监视输出的精度不低于 JJG 597—2005《交流电能表多功能检定单元检定规程》的要求，响应时间不大于 1s；

⑦ 检定检测装置误差处理器带有校验脉冲、多功能脉冲输入功能，能根据检定项目自动进行切换；

⑧ 所有检定检测装置的检定检测过程，可由控制室远程监视和程控，装置异常时能在控制室完成急停等相应操作。

（2）工作原理

根据 JJG 596—2012《电子式交流电能表检定规程》，多功能检定单元主要检测电能表的项目有起动试验、潜动试验、基本误差、仪表常数试验、时钟日计时误差等。

基本误差为关键测试项目，它是在计算机或键盘的控制下，信号源产生设定的电压、电流信号送至功率源，功率源提供被测表、标准电能表所需的电压和电流信号，标准电能表把实际的电能转化为高频脉冲信号输出至误差系统，误差仪同时接收高频脉冲信号与被检表脉冲信号，并与理论脉冲数比较得出电能误差，电能误差数据在本地显示，也可由通讯读取。

2.2.3.6　自动刻码单元

当所有项目检定检测完毕后，输送单元将合格的电能表输送至自动刻码单元，进行封印的自动刻码操作，通过操作机构的移动、定位实现刻码。刻码后能自动进行验证，验证合格后把刻码信息和条码信息进行绑定、上传至检定调度平台。

（1）设备组成及功能特点

自动刻码单元由工控机、型材框架、挡停机构、身份认证识别机构、定位机构、激光打码机、打标检测机构、急停按钮、状态指示装置和报警装置等功能模块组成。其中激光刻码机为核心设备，工作中主要针对刻码的位置和功率进行调节，保证刻码效果清晰、位置正确。

自动刻码单元如图 2-17 所示。

图 2-17　自动刻码单元示意图

自动化检定流水线自动刻码装置采用静止工位打标模式，当传感器检测到托盘到位后，输送线系统即提供软件开启信号或 PLC 输出脉冲信号，以触发激光打标设备进行打标，并能够进行打印结果检定。

各功能模块具体功能特点如下。

工控机：控制激光打标装置运行状态，将封印号码、位置与电能表条码号绑定，上传生产调度平台。

型材框架：作为激光打标装置的支撑架。

挡停机构：经传送带传送至激光打标装置的托盘流经挡停机构时自动停止运行，起阻挡托盘继续流向下一检测工位作用。

身份认证识别机构：获取经传送带传送至激光打标装置电能表身份信息，实现电能表与待贴标签的关联。

定位机构：对经传送带传送至激光打标装置的电能表进行精确定位，确定精确的贴标位置。

激光打码机：用于在电能表封印上进行打印二维码或其他检定合格标志。

打标检测机构：对打标的二维码效果进行完好性验证，判断打标是否合格，并将封印号码、位置与电能表条码号绑定，上传生产调度平台。

急停按钮：紧急情况下制动功能。

状态指示装置：对激光打标装置进行状态指示，分运行、停止、故障三种指示状态。

报警装置：激光打标装置运行过程中出现故障或突发状况时起报警作用，分为光报警和声报警。

（2）工作原理

电能表进入自动刻码单元中的挡停机构，激光刻码机对准电能表的铅封进行激光刻码。自动刻码针对不合格的电能表不再刻码，直接进入缓存区缓存。激光刻码机中主要功能器件是激光器，激光器根据电源提供的电能产生激光束，通过反射镜以及聚焦镜的作用保持相对尺寸与能量密度不变的光斑，最终聚焦照射到待刻码铅封的表面。电动机驱动激光雕刻头，使其按照雕刻轨迹对铅封进行高速精密的加工和处理。在激光的作用下发生光热（冷）效应，铅封表层物质发生化学或物理变化而雕刻出需要雕刻的图形。

2.2.3.7 自动贴标单元

在检定环节的最后，应对检定检测合格的电能表自动进行合格证的打印和贴标，合格证应包括日期、资产号和检定人员等信息。该单元主要功能是对完成检定的电能表进行自动贴标，并对贴标结果进行核查。

（1）设备组成及功能特点

自动贴标装置主要由型材框架、工控机、挡停机构、身份认证识别机构、定位机构、贴标机构、贴标检测机构、急停按钮、状态指示装置和报警装置等功能模块组成。

自动贴标单元示意图如图2-18所示。

图2-18　自动贴标单元示意图

贴标机是将事先印制好的标签粘贴到电能表的特定部位的机械设备，一般在检测流程的最后进行。

该部分系统在设计时，为提高自动贴标效率，应配置备用贴标机，换表型时，无需人工更换不同合格证及器具夹爪。

贴标机应具有的功能特点如下。

① 自动贴标单元和分拣单元之间应有单独的图像识别装置，实现贴标验证功能，可对贴标的完好性及合格证信息的正确性进行核查，避免出现错贴、漏贴、合格证信息打印错误等情况；

② 出现上述贴标不成功情况，贴标单元应再次贴标，系统控制软件中应保存错误记录；

③ 当发生贴标检测异常，应能声光报警提示，并有专门的贴标检测异常排出通道；

④ 贴标单元应设置合格证及碳带使用余量预警，记录合格证、碳带的使用数量、更换次数等情况，在系统软件中可进行查询及保存；

⑤ 贴标单元进气口具备气压监测传感器，压力不够或漏气时报警提醒处理，同时暂停贴标，待处理正常后再继续工作；

⑥ 贴标吸头采用软性材料（如泡沫海绵等），贴标时，标签纸柔性接触并充分按压表壳，确保标签纸粘贴牢固；

⑦ 贴标专机工作效率应在满足检定检测系统要求的基础上预留10%以上的冗余。

各功能模块具体实现功能如下。

型材框架：作为自动贴标装置的支撑架。

工控机：控制自动贴标装置运行状态，对贴标检测结果进行判断，将检定结果与电能表信息进行绑定，上传生产调度平台。

挡停机构：经传送带传送至自动贴标装置的托盘流经挡停机构时自动停止运行，起阻挡托盘继续流向下一检测工位作用。

身份认证识别机构：获取经传送带传送至自动贴标装置电能表身份信息，实现电能表与待贴标签的关联。

定位机构：对经传送带传送至自动贴标装置的电能表进行精确定位，确定精确的贴标位置。

贴标机构：贴标机构由离线打印机和标签粘贴机构两部分组成；在线打印机用于在已有标签或空白标签自动打印合格标志、检定日期、多功能检定单元编号等信息。标签粘贴机构能够将打印好的标签吸至标签吸盘，由机械臂推动吸盘将标签粘贴到电能表指定位置；

贴标检测机构：将贴标完成的电能表进行贴标准确性检测，检测标签是否贴上、标签是否打印等信息。

急停按钮：紧急情况下制动功能。

状态指示装置：对自动贴标装置进行状态指示，分运行、停止、故障三种指示状态。

报警装置：自动贴标装置运行过程中出现故障或突发状况时起报警作用，分为光报警和声报警。

（2）工作原理

贴标过程可以概括为取标、标签传送、印码、贴标。标签先由取标装置自标标签盒中取出，再传递给传送标签装置传送，通过使用碳带，打印当天日期和检定员编号，并通过定位装置、信息管理系统配合，进行自动贴标操作，不合格的电能表不再贴标，直接进入缓存区缓存。

2.2.3.8　数据管理系统

数据管理系统主要是对自动化检定流水线整个系统进行管控，主要针对系统架构、总控服务器及自动化检定控制系统进行介绍。

（1）系统架构

系统的技术架构，基于 SOA 的设计理念，按照业务展现层、业务流程层、服务层、组件层和资源层实现多层技术体系设计，通过服务总线实现系统各组件能够在系统内协同工作、各层次上集成，实现重用，以满足在省公司范围内不同职能层次的管理业务需求，为业务人员提供技术先进的工作平台和灵活的业务构造能力。系统架构参考的 SOA 逻辑模型示意图如图 2-19 所示。

在架构具体实现方案方面，系统采用多层分布式体系架构，充分利用中间件集群技术实现计量终端的数据采集、处理和数据应用功能，确保系统架构具有良好的性能、可扩展性、可靠性，系统逻辑架构图如图 2-20 所示。

系统中各部分功能如下。

① 前端：对于数据采集平台，前端指的是线体和功能单元，与系统后台通过规约方式交互数据，终端数据采集与规约解析处理分离，提高数据采集速度和规约解析速度。系统采集数据并完成规约解析后采用加密口令方式，上传分发至生产库；其余的管理功能，前端指

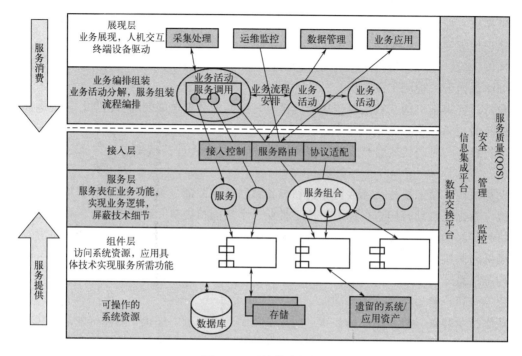

图 2-19　系统技术架构

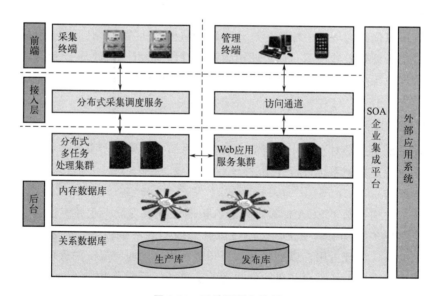

图 2-20　系统逻辑架构图

的是用户交互界面，采用 JSP 或者 EXT 技术在浏览器中进行展现，配合 AJAX 组件实现 RIA；WEB 层采用 SERVLET 技术响应前端请求，SERVLET 实现对 HTTP（S）数据到 JAVA 类的转换，然后调用后台服务，返回前端，前端和后台通讯采用 HTTP 协议，进行图形、图表的展现。

　　② 接入层：对于数据采集平台，通过配置前置机集群接入线体、功能单元数量，以及所需的采集数据量、所用的通信方式，实现统一的采集任务调度，各数据前置采集服务器统

一管理，按照设定的采集方案，系统生成定时任务自动数据采集，同时实现负载均衡和互为备用；对于其余的管理功能，接入层通过 WEB 应用集群实现操作员对系统的访问接入，建议采用硬件的负载均衡设备（如 F5 或 ARRAY），确保高并发下系统性能稳定。

③ 后台：采用中间件构建业务模块，在需要高可靠服务和高性能计算的数据采集方面用 C++ 语言实现；对需要灵活业务处理和个性化需要的管理功能模块，采用 JAVA 语言实现。后台由服务组件层和数据存储层组成。

服务组件层，核心业务及数据处理被封装成具备独立事务的服务组件，分别部署到采集平台中间件或 JAVA 组件服务器，对外提供统一的调用接口，响应接入层的调用请求。组件层对各类服务组件进行部署及管理，为适应各种复杂应用及大并发的实时服务请求，服务组件层可根据实际运行情况实现按业务分类、并发量或响应速度进行服务器级别重组或服务器内动态重组，针对实时业务系统的高可靠特性，服务组件层支持动态在线增加服务器，或动态在线增减服务器内运行的服务组件，真正实现 24×7 的不间断服务。

数据存储层，数据存储层负责整个系统的全业务数据存储，是系统中数据量最大、IO最频繁、最影响系统性能的一层，通过良好的服务设计可实现服务组件层无数据表级别关联。

（2）总控服务器

总控服务器由主程序和多个功能模块组成。主程序为各模块提供运行框架，各个功能模块相互独立，完成各自的功能。总控服务器框架示意图如图 2-21 所示。

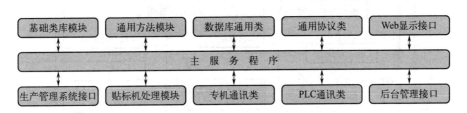

图 2-21　总控服务器框架示意图

① 基础类库模块：包含通用的变量、枚举、数组、链表、事件等所有定义的信息，以及一些通用的控件库。

② 通用方法模块：包含通用的处理函数、方法等。

③ 数据库通用类：封装了数据库处理的相关操作类及方法。

④ 通用协议类：封装了 PLC 协议、检定专机、装置等所有的协议的定义及分解、合成操作等。

⑤ Web 显示接口：封装了 Web 调用的功能接口，包括参数配置、装置信息显示等。

⑥ 后台管理接口：总控管理的功能的封装接口，便于用户查询、管理总控功能。

⑦ PLC 通讯类：处理、管理与 PLC 有关的连接及功能处理信息。

⑧ 专机通讯类：处理、管理与检定专机有关的连接及功能处理信息。

⑨ 贴标机处理模块：处理、管理与贴标机有关的连接及功能处理信息。

⑩ 刻码机处理模块：处理、管理与刻码机有关的连接及功能处理信息。

⑪ 生产管理系统接口类：处理、管理与接口生产管理系统有关的数据传输及命令调用。

（3）自动化检定控制系统

自动化检定控制系统具备任务管理、系统监控、系统各模块的控制与协调功能、完成控制软件与检定软件的信息交互、完成检定系统与 MDS 的信息交互等功能，实现电能表检定、检测作业的全过程自动化，包括支撑管理，系统管理、日志管理。

系统检定流程如图 2-22 所示，整个流程由自动化检定控制系统控制。

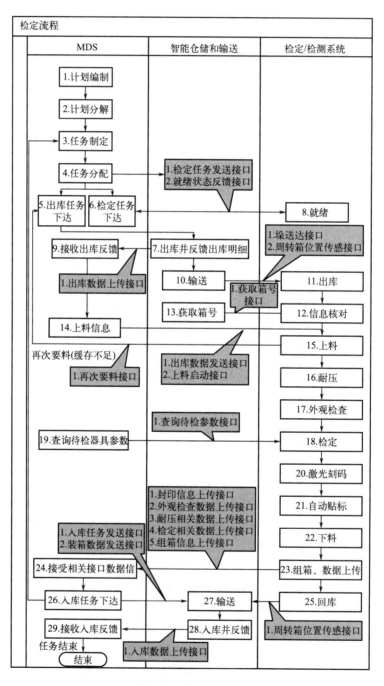

图 2-22　检定流程图

控制系统具有信息查询、运行监控、运行控制等功能。

① 信息查询

管理、查询流水线检定系统的所有相关表计、任务等信息。

表状态查询：查询表计的检定状态、数据等信息。

系统异常查询：查询系统中出现的各种异常信息，并有相应的提示信息。

任务信息查询：查询所有检定任务的相关信息。

② 运行监控

系统提供的用来监控、管理总控系统的接口服务。

总控维护：维护监控接口参数、配置信息。

专机监控：监控各个专机的状态及检定情况。

单元监控：监控具体检定单元的运行信息、检定数据等。

③ 运行控制

系统进行检定管理，同时对各专机运行状态进行控制。

检定管理：接收、执行、终止各检定任务。

专机控制：控制各检定单元进行检定，比如各检定单元故障，可重新复位各单元运行状态，继续进行检定。

第 3 章
自动化检定流水线关键设备

本章对自动化流水线关键设备可编程控制器、主要传感器和执行器、工业机器人和机器视觉设备的类型特点和工作原理进行了介绍。

3.1 可编程控制器

3.1.1 可编过程控制器简介

可编程序控制器（Programmable Logic Controller，PLC），被誉为现代工业自动化的三大支柱之一，是在现代工业中使用率很高的数字运算操作电子系统。其内部采用一类可编程存储器用于存储程序，执行逻辑运算、顺序控制、定时、计数与算术操作等面向用户的指令，并通过数字或模拟式输入/输出控制各种类型的机械或生产过程。

早期的 PLC 仅有逻辑运算、定时、计数等顺序控制功能，均属开关量控制，只是用来取代传统的继电器控制，所以，通常称为可编程序逻辑控制器。

作为工业自动化的一种典型应用，PLC 最初是作为取代继电器线路、进行顺序控制为目的而产生的，后来 PLC 厂家逐步增加了模拟量运算、PID 功能以及更可靠的工业抗干扰技术等功能，并随着网络化的需求增加了各种通信接口。

随着技术的进步和市场的需求，PLC 总的发展趋势是向高速度、高性能、高集成度、小体积、大容量、信息化、标准化、软 PLC 标准化，以及与现场总线技术紧密结合等方向发展。在工业 4.0 的时代背景下，伴随着现场总线技术和以太网技术的发展，PLC 的应用范围越来越广，被用于如电子制造、工业机器人、数控机床等新兴市场和包装、纺织、食饮等需要升级改造的传统行业。在智能制造领域 PLC 也有很强的需求，它负责编写程序，协调控制工业机器人的动作及与生产线其他机器的配合。

根据功能不同，PLC 一般分为低档、中档及高档三类。低档 PLC 仅具备逻辑运算功能，如定时、计数、移位以及自诊断、监控等；中档叠加了较强的模拟量输入/输出、数制转换、数据传送和比较、算数运算、远程 I/O 及通信联网等功能，适用于较为复杂的控制系统；高档包含了如矩阵运算、位逻辑运算、平方根运算及其他特殊功能函数的运算、制表及表格传送功能等，可用于大规模过程控制或构成分布式网络控制系统。

PLC 技术之所以高速发展，除了工业自动化的客观需要外，主要是因为它具有许多独特的优点，较好地解决了工业领域中普遍关心的可靠、安全、灵活、方便、经济等问题。PLC 主要有以下特点。

（1）可靠性高、抗干扰能力强

高可靠性是 PLC 最重要的特点之一。PLC 的平均无故障时间可达几十万个小时，之所以有这么高的可靠性，是由于它采用了一系列的硬件和软件的抗干扰措施。

硬件方面，电路采用一系列的抗干扰技术，对所有的 I/O 接口电路均采用光电隔离，有效地抑制了外部干扰源对 PLC 的影响；对供电电源及线路采用多种形式的滤波，从而消除或抑制了高频干扰；对 CPU 等重要部件采用良好的导电、导磁材料进行屏蔽，以减少空间电磁干扰；对有些模块设置了联锁保护、自诊断电路等。

软件方面，PLC 采用扫描工作方式，减少了由于外界环境干扰引起的故障；在 PLC 系统程序中设有故障检测和自诊断程序，能对系统硬件电路等故障实现检测和判断；当由外界干扰引起故障时，能立即将当前重要信息加以封存，禁止任何不稳定的读写操作，一旦外界环境正常后，便可恢复到故障发生前的状态，继续原来的工作。对于大型 PLC 系统，还可以采用由双 CPU 构成冗余系统或由多 CPU 构成表决系统，使系统的可靠性更进一步提高。

（2）配套齐全、功能完善、适用性强

PLC 经过近半个世纪的发展，已经形成了大、中、小各种规模的系列化产品，既可控制一台生产机械、一条生产线，又可控制一个生产过程。除了逻辑处理功能外，现代 PLC 不仅有逻辑运算、计时、计数、顺序控制等功能，可用于各种数字控制领域。近年来 PLC 的功能模块大量涌现，使 PLC 渗透到了位置控制、温度控制、计算机数控（CNC）等各种工业控制中。加上 PLC 通讯能力的增强及人机界面技术的发展，使用 PLC 组成各种控制系统变得非常容易。

（3）控制系统结构简单、通用性强

为了适应各种工业控制的需要，除了整体式的小型 PLC 以外，绝大多数 PLC 均采用模块化结构。PLC 的各个部件，包括 CPU、电源、I/O 等均采用模块化设计，由机架及电缆将各模块连接起来，系统的规模和功能可根据用户的需要自行组合。用户在硬件设计方面，只是确定 PLC 的硬件配置和 I/O 信道的外部接线。在 PLC 构成的控制系统中，只需在 PLC 的端子上接入相应的输入、输出信号即可，不需要诸如继电器之类的物理电子器件和大量繁杂的硬件接线线路。

PLC 的输入/输出可直接与交流 220V、直流 24V 等负载相连，并具有较强的带负载能力。

（4）丰富的 I/O 接口模块

PLC 针对不同的工业现场信号，如交流或直流、开关量或模拟量、电压或电流、脉冲或电位、强电或弱电等，都能选择到相应的 I/O 模块与之匹配。对于工业现场的元器件或设备，如按钮、行程开关、接近开关、传感器及变送器、电磁线圈、控制阀等，都能选择到相应的 I/O 模块与之相连。

另外，为了提高操作性能，它还有多种人机对话的接口模块；为了组成工业局部网络，它还有多种通信联网的接口模块等。

（5）编程简单、使用方便

目前，大多数 PLC 采用的编程语言是梯形图语言，梯形图与电气控制电路图相似，形象、直观，很容易掌握。当生产流程需要改变时，可以现场改变程序，使用方便、灵活。同时，PLC 编程软件的操作和使用也很简单，这也是 PLC 获得普及和推广的主要原因之一。许多 PLC 还针对具体问题，设计了各种专用编程指令及编程方法，进一步简化了编程。

（6）设计安装简单、维修方便、改造容易

由于 PLC 用软件代替了传统电气控制系统的硬件，控制柜的设计、安装接线工作量大为减少。PLC 的用户程序大部分可在实验室进行模拟调试，缩短了应用设计和调试周期。在维修方面，由于 PLC 的故障率极低，维修工作量小；而且 PLC 具有很强的自诊断功能，如果出现故障，可根据 PLC 指示或编程器上提供的故障信息，迅速查明原因，维修方便。

（7）体积小、重量轻、能耗低

由于 PLC 采用了集成电路，其结构紧凑、体积小、能耗低，因而是实现机电一体化的理想控制设备。

总之，PLC 是专为工业环境应用而设计制造的控制器，具有丰富的输入、输出接口，并且具有较强的驱动能力。但 PLC 产品并不针对某一具体工业应用，在实际应用时，其硬件需根据实际需要进行选用配置，其软件需根据控制要求进行设计编程。

PLC 的硬件主要由中央处理器（CPU）、存储器、输入/输出单元、通信接口、扩展接口、电源等部分组成。其中，CPU 是 PLC 的核心，输入单元与输出单元是连接现场输入/输出设备与 CPU 之间的接口电路，通信接口用于与编程器、上位计算机等外设连接。

对于整体式 PLC，所有部件都装在同一机壳内，其他结构的 PLC 各部分可根据实际情况进行选择或组合。

当前的各种 PLC 外观和结构都有不同，但各部分的功能作用是相同的，下面对 PLC 各主要组成部分进行简单介绍。

3.1.1.1 中央处理器单元

中央处理器单元是可编程控制器的核心部分，它包括微处理器和控制接口电路。微处理器是可编程控制器的运算和控制中心，由它实现逻辑运算、数字运算，协调控制系统内部各部分的工作。它在系统程序的控制下执行各项任务，其主要任务如下。

① 用扫描方式接收现场输入装置的状态或数据，并存入输入映像寄存器或数据寄存器；

② 接收并存储从编程器输入的用户程序和数据；

③ 诊断电源和 PLC 内部电路的工作状态及编程过程中的语法错误；

④ 在 PLC 进入运行状态后，从存储器逐条读取用户指令，执行用户程序，进行数据处理，更新有关标志位的状态和输出映像寄存器，实现输出控制、制表打印或数据通信等。

一般说来，可编程控制器的档次越高，CPU 的位数越多，运算速度越快，指令功能也越多。为了提高 PLC 的性能和可靠性，有的一台 PLC 上采用了多个 CPU。

3.1.1.2 存储器单元

存储器是可编程控制器存放系统程序、用户程序及运算数据的单元。和计算机一样，可编程控制器的存储器可分为只读存储器（ROM）和随机读写存储器（RAM）两大类。PLC 的存储器的特点：可靠性高、实时性好、功耗低，工作时温升小，可用电池供电、数据存储不消失，停电后能长期保存数据，以适应 PLC 恶劣的工作环境和所要求的工作速度。

系统程序关系到 PLC 的性能，是由 PLC 制造厂家编写的，直接固化在只读存储器中，一般为掩膜只读存储器和可编程电改写只读存储器，用户不能访问和修改。系统程序与

PLC 的硬件组成有关，用来完成系统诊断、命令解释、功能子程序调用和管理、逻辑运算、通信及各种参数设置等功能，提供 PLC 运行的平台。

用户程序是由用户根据对象生产工艺的控制要求而编制的应用程序。为了便于读出、检查和修改，用户程序和系统运行中产生的临时数据一般存于随机读写存储器中，用锂电池或电容作为后备电源，以保证掉电时不会丢失信息。为了防止干扰对 RAM 中程序的破坏，当用户程序经过运行正常，不需要改变时，可将其固化在只读存储器 EPROM 中。现在有许多 PLC 直接采用 EEPROM 作为用户程序存储器。

（1）随机存取存储器（RAM）

CPU 可以读出 RAM 中的数据，也可以将数据写入 RAM，因此 RAM 又叫读/写存储器。它是易失性的存储器，电源中断后，储存的信息将会丢失。

RAM 的工作速度高，价格便宜，改写方便。在关断 PLC 的外部电源后，可以用锂电池来保存 RAM 中储存的用户程序和数据。需要更换锂电池时，由 PLC 发出信号，通知用户。

（2）只读存储器（ROM）

ROM 的内容只能读出，不能写入。它是非易失的，电源消失后，仍能保存储存的内容，ROM 一般用来存放 PLC 的操作系统。

（3）快闪存储器和 EEPROM

快闪存储器（FLASH EPROM）简称为 FEPROM，可电擦除可编程的只读存储器简称为 EEPROM。它们是非易失性的，可以用编程装置对它们编程，兼有 ROM 的非易失性和 RAM 的随机存取优点，但是将信息也写入它们需要的时间比 RAM 长得多。它们用来存放用户程序和断电时需要保存的重要数据。

工作数据是 PLC 运行过程中经常变化、经常存取的一些数据。它存放在 RAM 中，以适应随机存取的要求。在 PLC 的工作数据存储器中，设有存放输入/输出继电器、辅助继电器、定时器、计数器等逻辑器件状态的存储区，这些器件的状态都是由用户程序的初始设置和运行情况而确定的。根据需要，部分数据在掉电时用后备电池维持其现有的状态，这部分在掉电时可保存数据的存储区域称为保持数据区。不同形式的数据如何存放和调用完全由系统程序自动管理。

由于系统程序及工作数据与用户无直接联系，所以在 PLC 产品样本或使用手册中所列存储器的形式及容量是指用户程序存储器。PLC 的用户存储器通常以字（16 位/字）为单位来表示存储容量，当 PLC 提供的用户程序存储器容量不够用时，许多 PLC 还提供存储器扩展功能。

3.1.1.3 输入/输出单元

输入/输出（I/O）单元是 CPU 与现场输入/输出装置或其他外部设备之间的连接部件。PLC 之所以能在恶劣的工业环境中可靠地工作，I/O 接口技术起着关键的作用。I/O 单元可与 CPU 放在一起，也可远程放置。通常 I/O 单元上还具有状态显示和 I/O 接线端子排。

输入单元将现场的输入信号经过输入单元接口电路的转换，转换为中央处理器能接收和识别的低电压信号，送给中央处理器进行运算；输出单元则将中央处理器输出的低电压信号转换为控制器件所能接收的电压、电流信号，以驱动信号灯、电磁阀、电磁开关等。

PLC 提供了各种操作电平与驱动能力的 I/O 单元以及各种用途的 I/O 组件供用户选用。

（1）开关量输入模块

其作用是连接外部的机械触点或电子数字式传感器（例如光电开关），把现场的开关量信号变成可编程控制器内部处理的标准信号。每路输入信号均经过光电隔离、滤波，然后送入输入缓冲器等待 CPU 采样，每路输入信号均有 LED 显示，以指明信号是否到达 PLC 的输入端子。一般在直流输入单元都使用可编程控制器本身的直流电源供电，不再需要外接电源。

开关量输入接口按可接收的外部信号源的类型不同，分为直流输入单元和交流输入单元。直流输入电路的延迟时间较短，可以直接与接近开关、光电开关等电子输入装置连接。如果信号线不是很长，PLC 所处的物理环境较好，应考虑优先选用 DC 24V 的输入模块。交流输入方式适合于在有油雾、粉尘的恶劣环境下使用。

直流输入单元按输入信号的连接形式与输入电流的流向，又可以分为源输入（共阳输入）电路、漏输入（共阴输入）电路和混合输入电路（按西门子数字量输入模块定义）。

源输入（共阳输入）电路（图 3-1）的输入回路中，电流从模块的信号输入端流出去，从模块内部输入电路的公共点 M 流进来。NPN 集电极开路输出的传感器应接到源输入的数字量输入模块。

漏输入（共阴输入）电路（图 3-2）的输入回路中，电流从模块的信号输入端流进来，从模块内部输入电路的公共点 M 流出去。PNP 集电极开路输出的传感器应接到漏输入的数字量输入模块。

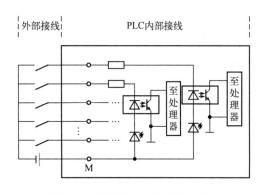

图 3-1　直流输入电路（源输入）

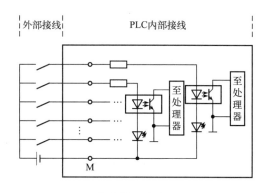

图 3-2　直流输入电路（漏输入）

混合型输入（图 3-3），公共端既可以接外接电源的正极，也可以接负极，同时具有源输入电路和漏输入电路的特点，但一般不建议使用，因为这种输入形式虽然接线方便，但容易造成电源的混乱。

交流输入电路如图 3-4 所示，可以看出，与直流输入电路的区别主要就是增加了一个整流的环节。交流输入的输入电压一般为 AC120V 或 230V。交流电经过电阻 R 的限流和电容 C 的隔离（去除电源中的直流成分），再经过桥式整流为直流电，其后工作原理和直流输入电路一样，不再赘述。

（2）开关量输出模块

其作用是把可编程控制器内部的标准信号转换成现场执行机构所需的开关量信号，一

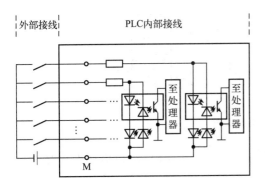

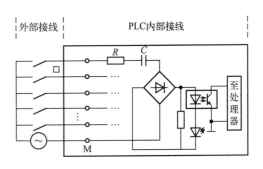

图 3-3 直流输入电路（混合输入）　　　　　图 3-4 交流输入电路

般开关量输出模块本身都不带电源。各路输出均有电气隔离措施（光电隔离）；各路输出均有 LED 显示，只要有驱动信号，输出指示 LED 亮，为观察 PLC 的工作状况或故障分析提供标志；输出电源一般均由用户提供。输出模块提供具有一定通断能力的常开触点，触点上有防过电压、灭弧措施。

按负载使用的电源可分为直流输出模块、交流输出模块、交/直流输出模块；按开关器件种类可分为场效应晶体管输出方式，有较高的接通、断开频率，但只适用于直流驱动的场合；可控硅输出方式，仅适用于交流驱动场合；继电器输出方式，可用于交流及直流两种电源，但接通、断开的频率低。

（3）模拟量输入模块

其作用是把现场连续变化的模拟量标准信号转换成适合可编程控制器内部处理的二进制数字信号。模拟量输入接口接收标准模拟电压或电流信号均可。标准信号是指符合国际标准的通用交互用电压电流信号值，如 4～20mA 直流电流信号，1～10V 的直流电压信号等。工业现场中模拟量信号的变化范围一般是不标准的，在送入模拟量接口时一般都需经过变送处理才能使用，模拟量信号输入后一般经运算放大器放大后进行 A/D 转换，再经光电耦合后为可编程控制器提供一定位数的数字量信号（图 3-5）。

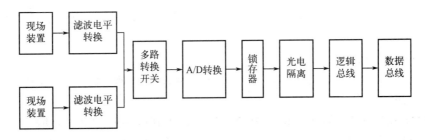

图 3-5 模拟量输入接口的电路框图

（4）模拟量输出模块

其作用是将可编程控制器运算处理后（若干位数字量信号转换为相应的模拟量信号）输出以满足生产过程现场连续控制信号的需要。模拟量输出接口一般由光电隔离、D/A 转换和信号驱动等环节组成，其原理图见图 3-6。

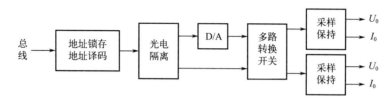

图 3-6　模拟量输出电路框图

PLC 两次输出操作之间，端子上的模拟量保持不变。由于 PLC 的扫描速度为毫秒级，所以，可以认为输出没有台阶，输出是平滑的。

3.1.1.4　电源单元

PLC 配有开关电源，以供内部电路使用。与普通电源相比，PLC 电源的稳定性好、抗干扰能力强。对电网提供的电源稳定度要求不高，一般允许电源电压在其额定值±15%的范围内波动。许多 PLC 还向外提供直流 24V 稳压电源，用于对外部传感器供电。

内部电源——开关稳压电源，供内部电路使用；大多数机型还可以向外提供 DC 24V 稳压电源，为现场的开关信号、外部传感器供电。

外部电源——可用一般工业电源，并备有锂电池，使外部电源故障时内部重要数据不致丢失。

3.1.1.5　其他接口、模块和外部设备

（1）通信接口

通信接口主要用于 PLC 与 PLC 之间、PLC 与上位机以及其他数字设备之间交换数据，用以实现程序下载/上传、监测运行、分散/集中控制、远程监控、人机界面等功能。PLC 一般都带有多种类型的通信接口，也可根据需要进行扩展。

（2）智能模块

智能模块是一个独立的计算机系统，有自己的处理器、系统程序、存储器以及与 PLC 相连的接口。它作为 PLC 系统的一个模块，通过总线与 PLC 相连，进行数据交换，并在 PLC 的协调管理下独立地进行工作。

PLC 的智能模块种类很多，如高速计数模块、闭环控制模块、运动控制模块、中断计数模块等。

（3）其他外部设备

除了以上的部件和设备外，PLC 还有许多外部设备，如编程设备、EPROM 写入器、外存储器、人机接口装置等。

编程设备用来编辑、调试、输入用户程序，也可在线监控 PLC 内部状态和参数，与 PLC 进行人机对话。它是开发、应用、维护 PLC 不可缺少的工具。可编程控制器的编程设备一般分为两类：一类是由 PLC 厂家生产，专供该厂家生产的某些 PLC 产品使用专用编程器，有手持式的，也有便携式的；另一类是可以安装在通用计算机系统上的专用编程软件包，目前使用最为广泛的是安装在通用计算机系统的专用编程软件。

3.1.2　可编程控制器工作原理

PLC 控制系统可分为三部分：输入部分、可编程控制器、输出部分，如图 3-7 所示。

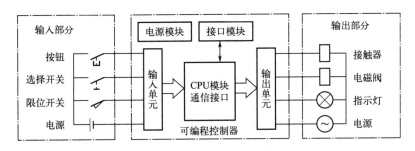

图 3-7　PLC 控制系统的组成

输入部分由系统中全部输入器件构成，如控制按钮、操作开关、限位开关、传感器等。输入器件与 PLC 输入端子相连接。可编程控制器通过输入模块采集各种输入信号，作为可编程控制器执行用户程序时的判断依据。

输出部分由系统中的全部输出器件构成，如接触器线圈、电磁阀线圈等执行器件及信号灯，输出器件与 PLC 输出端子相连接。可编程控制器通过输出模块控制输出端器件的通电或断电。

可编程控制器通过运行用户编写的程序，替代传统的继电器-接触器控制系统的控制环节。相对于传统的继电器-接触器控制系统，可以把用户编写的程序看作是许多软组件通过软接线的连接过程，用户程序的执行结果与传统电气控制系统逻辑控制部分起的作用是一致的。

PLC 的工作原理是建立在计算机工作原理基础之上，即通过执行反映控制要求的用户程序来实现控制逻辑。PLC 在每一瞬间只能做一件事，所以程序的执行是按程序顺序依次完成相应各存储器单元（即软继电器）的写操作，它属于串行工作方式。

3.1.2.1　可编程序控制器工作原理

根据前文论述可知，PLC 是一种计算机，所以其工作原理也与计算机的工作原理基本上是一致的（图 3-8）。PLC 通电后，首先对硬件和软件作一些初始化操作。为了使 PLC 的输出及时响应各种输入信号，初始化后 PLC 反复不停地分阶段处理各种不同的任务。这种周而复始的循环工作模式称为循环扫描。

PLC 中的 CPU 有两种基本的工作状态，即运行（RUN）状态和停止（STOP）状态。CPU 运行状态是执行应用程序的状态。CPU 停止状态一般用于程序的编制与修改。除了 CPU 监控到致命错误强迫停止运行以外，CPU 运行与停止方式可以通过 PLC 的外部开关或通过编程软件的运行/停止指令加以选择控制。PLC 的整个扫描工作过程可分为以下三部分。

（1）第一部分是上电处理

PLC 上电后对系统进行一次初始化工作，包括硬件初始化、I/O 模块配置运行方式检查、停电保持范围设置及其他初始化处理等。

（2）第二部分是主要工作过程

PLC 上电处理完成后进入主要工作过程。先完成输入处理，其次完成与其他外设的通信处理，再次进行时钟、特殊寄存器更新。当 CPU 处于 STOP 方式时，转入执行自诊断检查。当 CPU 处于 RUN 方式时，完成用户程序的执行和输出处理后，再转入执行自诊断检查。

（3）第三部分是出错处理

PLC每扫描一次，执行一次自诊断检查，确定PLC自身的动作是否正常，如CPU、电池电压、程序存储器、I/O、通信等是否异常或出错，当检查出异常时，CPU面板上的LED及异常继电器会接通，在特殊寄存器中会存入出错代码。当出现致命错误时，CPU被强制为STOP方式，所有的扫描停止。

PLC运行正常时，扫描周期的长短与CPU的运算速度、I/O点的情况、用户应用程序的长短及编程情况等均有关。通常用PLC执行1KB指令所需时间来说明其扫描速度（一般1～10ms/KB）。值得注意的是，不同指令其执行时间是不同的，从零点几微秒到上百微秒不等，故选用不同指令所用的扫描时间将会不同。若用于高速系统要缩短扫描周期时，可从软硬件上考虑。

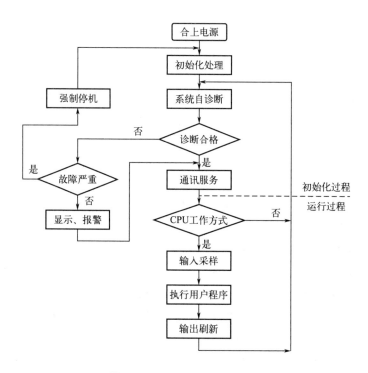

图3-8　PLC工作原理示意图

3.1.2.2　可编程序控制器工作过程

PLC只有在RUN方式下才执行用户程序，下面对RUN方式下执行用户程序的过程作详尽的讨论，以便对PLC循环扫描的工作方式有更深入的理解。

当PLC上电后，处于正常工作运行时，将不断的循环重复执行各项任务。分析其主要工作过程，可知PLC工作的核心内容就是输入采样、用户程序执行、输出刷新三个阶段。这三个阶段是PLC工作过程的中心内容，也是PLC工作原理的实质所在。

（1）输入采样阶段

在输入采样阶段，PLC把所有外部数字量输入电路的I/O状态读入至输入映像寄存器中，此时输入映像寄存器被刷新。接着系统进入用户程序执行阶段，在此阶段和输出刷新阶段，输入映像寄存器与外界隔离，无论输入信号如何变化，其内容保持不变，直到下一个扫描周期的输入采样阶段，才重新写入输入端子的新内容。所以，一般来说，输入信号的宽度要大于一个扫描周期，或者说输入信号的频率不能太高，否则很可能造成信号的丢失。

（2）用户程序执行阶段

PLC 在用户程序执行阶段，在无中断或跳转指令的情况下，根据梯形图程序从首地址开始按自左向右、自上而下的顺序，对每条指令逐句进行扫描（即按存储器地址递增的方向进行），扫描一条，执行一条。当指令中涉及输入、输出状态时，PLC 就从输入映像寄存器中"读入"对应输入端子的状态，从组件映像寄存器中"读入"对应组件（软继电器）的当前状态，然后进行相应的运算，最新的运算结果立即再存入到相应的组件映像寄存器中。对除了输入映像寄存器以外的其他的组件映像寄存器来说，每一个组件的状态会随着程序的执行过程而刷新。

PLC 的用户程序执行，既可以按固定的顺序进行，也可以按用户程序所指定的可变顺序进行。这不仅仅因为有的程序不需要每个扫描周期都执行，也因为在一个大控制系统中需要处理的 I/O 点数较多，通过不同的组织模块安排，采用分时分批扫描执行的办法，可缩短循环扫描的周期和提高控制的实时响应性能。

（3）输出刷新阶段

CPU 执行完用户程序后，将输出映像寄存器中所有"输出继电器"的状态（I/O）在输出刷新阶段一起转存到输出锁存器中。在下一个输出刷新阶段开始之前，输出锁存器的状态不会改变，从而相应输出端子的状态也不会改变。

输出锁存器的状态为 1，输出信号经输出模块隔离和功率放大后，接通外部电路使负载通电工作。输出锁存器的状态为 0，断开对应的外部电路使负载断电，停止工作。

用户程序执行过程中，集中输入与集中输出的工作方式是 PLC 的一个特点，在采样期间，将所有输入信号（不管该信号当时是否要用）一起读入，此后在整个程序处理过程中PLC 系统与外界隔开，直至输出控制信号。外界信号状态的变化要到下一个工作周期才会在控制过程中有所反应。这样从根本上提高了系统的抗干扰能力，提高了工作的可靠性。这三个阶段也是分时完成的。为了连续地完成 PLC 所承担的工作，系统必须周而复始地依一定的顺序完成这一系列的具体工作。

3.2 主要传感器和执行器

3.2.1 传动部分

（1）带传动机构

在自动化流水线机械传动系统中，常利用带传动方式实现机械部件之间的运动和动力的传递。带传动机构主要依靠带与带轮之间的摩擦或啮合进行工作。带传动可分为摩擦型带传动和啮合型带传动，两大传动类型的异同点如表 3-1 所示。由于啮合型带传动在传动过程中传递功率大、传动精度较高，所以在自动化流水线中使用较为广泛。

表 3-1　带传动类型异同点比较

类　型	共　同　点	不　同　点
摩擦型	① 具有很好的弹性，能缓冲吸振，传动平稳，无噪声； ② 过载时传动带会在带轮上打滑，可防止其他部件受损坏，起过载保护作用； ③ 结构简单、维护方便、无需润滑、制造和安装精度要求不高； ④ 可实现较大中心距之间的传动功能	摩擦型带传动一般适用于中小功率、无需保证准确传动比和传动平稳的远距离场合
啮合型		啮合型带传动具有传递功率大、传动比准确等优点，多用于要求传动平稳、传动精度较高的场合

　　带传动机构（特别是啮合型同步带传动机构）目前被大量应用在各种自动化装配专机、自动化装配生产线、机械手及工业机器人等自动化生产机械中，同时还广泛应用在包装机械、仪器仪表、办公设备及汽车等行业。在这些设备和产品中，同步带传动机构主要用于传递电机转矩或提供牵引力，使其他机构在一定范围内往复运动（直线运动或摆动运动）。

　　（2）滚珠丝杠机构

　　将滚珠丝杠机构主要由丝杠、螺母、滚珠、滚珠回流管、压板和防尘片等部分组成。丝杠属于直线度非常高的转动部件，在滚珠循环滚动的方式下运行，实现螺母及其连接在一起的负载滑块（例如工作台、移动滑块）在导向部件作用下的直线运动。

　　滚珠丝杠机构虽然价格较贵，但由于其具有一系列突出优点，能够在自动化机械的各种场合实现所需要的精密传动，所以仍然在工程上得到了极广泛的应用。

　　滚珠丝杠机构作为一种高精度的传动部件，被大量应用于数控机床、自动化加工中心、电子精密机械进给机构、伺服机械手、工业装配机器人、半导体生产设备、食品加工和包装以及医疗设备等领域。

　　图 3-9 所示为滚珠丝杠机构在数控雕刻机中应用的实物图。

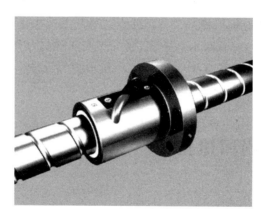

图 3-9　滚珠丝杠机构实物图

　　（3）直线导轨机构

　　直线导轨机构通常也被称为直线导轨、直线滚动导轨及线性滑轨等，它实际是由能相对运动的导轨（或轨道）与滑块两大部分组成的，其中滑块由滚珠、端盖板、保持板和密封垫片组成。直线导轨机构的内部结构如图 3-10 所示。

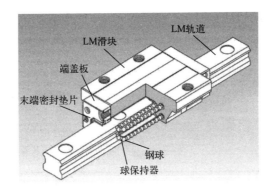

图 3-10　直线导轨机构内部结构图

直线导轨机构由于采用了类似于滚珠丝杠的精密滚珠结构，所以具有表 3-2 所示的一系列特点。使用直线导轨机构除了可以获得高精度的直线运动以外，还可以直接支撑负载工作，降低了自动化机械的复杂程度，简化了设计与制造过程，从而大幅度降低设计与制造成本。

表 3-2　直线导轨机构特点

类型	工作特点	应用领域
直线导航	运动阻力非常小，运动精度高，定位精度高，多个方向同时具有高刚度，容许负荷大，能长期维持高精度，可高速运动，维护保养简单，能耗低，价格低廉	广泛应用于数控机床、自动化流水线、机械手和三坐标测量仪器等需要较高直线导向精度的各种装备制造行业

由于在机器设备上大量采用直线运动机构作为进给、移送装置，所以为了保证机器的工作精度，首先必须保证这些直线运动机构具有较高的运动精度。直线导轨机构作为自动化机械最基本的结构模块被广泛应用于数控机床、自动化装配设备、自动化流水线、机械手及三坐标测量仪器等装备制造行业。

（4）间歇传动机构

在自动化流水线中，根据工艺的要求，经常需要沿输送方向以固定的时间间隔、固定的移动距离将各工件从当前的位置准确地移动到相邻的下一个位置，实现这种输送功能的机构称为间歇传动机构，工程上有时也称为步进输送机构或步进运动机构。工程上常用的间歇传动机构主要有槽轮机构和棘轮机构等。图 3-11 所示为常用间歇传动机构图。

图 3-11　间歇传动机构图

虽然各种间歇传动机构都能实现间歇输送的功能，但是它们都有其自身结构、工作特点及工程应用领域。表 3-3 列出了常用间歇传动机构的类型、工作特点及应用领域。

表 3-3　常用间歇传动机构特点

类型	工作特点	应用领域
槽轮机构	结构简单，工作可靠，机械效率高，能准确控制转角。工作平稳性较好，运动行程不可调节，存在柔性冲击	一般应用于转速不高的场合，如自动化机械、轻工机械、仪器仪表等
棘轮机构	结构简单，转角大小调节方便，存在刚性冲击和噪声，不易准确定位，机构磨损快，精度较低	只能用于低速转角不大或需要改变转角、传递动力不大的场合，如自动化机械的送料机构与自动计数等

间歇传动机构都具有结构简单紧凑和工作效率高两大优点。采用间歇传动机构能有效简化自动化流水线的结构，方便地实现工序集成化，形成高效率的自动化生产系统，提高自动化专机或生产线的生产效率，在自动化机械装备，特别是电子产品生产、轻工机械等领域得到了广泛的应用。

（5）齿轮传动机构

齿轮传动机构是应用最广的一种机械传动机构。常用的传动机构有圆柱齿轮传动机构、圆锥齿轮传动机构和蜗杆传动机构等。部分常见齿轮传动机构如图 3-12 所示。

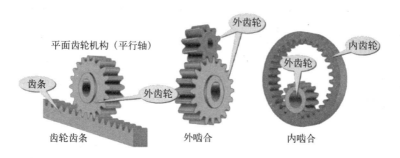

图 3-12　常见齿轮传动机构

齿轮传动是依靠主动齿轮和从动齿轮的齿廓之间的啮合传递运动和动力的，与其他传动相比，齿轮传动具有表 3-4 所示的特点。

表 3-4　齿轮传动优缺点

类型	优点	缺点
齿轮传动	① 瞬时传动比恒定； ② 适用的圆周速度和传动功率范围较大； ③ 传动效率较高，寿命较长； ④ 可实现平行、相交、交错轴间传动； ⑤ 蜗杆传动的传动比大，具有自锁能力	① 制造和安装精度要求较高； ② 生产使用成本高； ③ 不适用于距离较远的传动； ④ 蜗杆传动效率低，磨损较大

齿轮传动机构是现代机械中应用最为广泛的一种传动机构。比较典型的应用是在各级减

速器、汽车的变速箱等机械传动变速装置中。

3.2.2 气动部分

气动技术是以空气压缩机为动力源，以压缩空气为工作介质，进行能量传递或信号传递的工程技术，是实现各种生产控制、自动控制的重要技术手段之一。气动是"气动技术"或"气压传动与控制"的简称。

目前气动技术应用非常广泛，但凡自动化的设备都可应用到气动，如汽车制造行业中焊接生产线上；电子、半导体制造行业中彩电、冰箱等家用电器产品的装配生产线上，半导体芯片、印制电路等各种电子产品的装配流水线上都使用了气动技术。

气动技术的优点：气动装置结构简单、轻便、安装维护简单；压力等级低、使用安全；工作介质是取之不尽的空气，排气不需要回收，对环境基本无污染；可靠性高，使用寿命长；可实现防火、防爆、防潮。气动技术的缺点是：定位精度不高，速度特性受负载影响较大，输出力与液压相比要低多得。

气动控制系统一般由静音气泵、气动二联件、气缸、电磁阀、检测元件和控制器等组成，能实现气缸的伸缩运动控制。气动控制系统是以压缩空气为工作介质，在控制元件的控制和辅助元件的配合下，通过执行元件把空气的压缩能转换为机械能，从而完成气缸直线或回转运动，并对外做功。一个完整的气动控制系统基本由气压发生器（气源装置）、执行元件、控制元件、辅助元件、检测装置以及控制器等 6 部分组成。

气泵为压缩空气发生装置，包括空气压缩机、安全阀、过载安全保护器、储气罐罐体压力指示表、一次压力指示表、过滤减压阀及气源开关等部件，气泵是用来生产具有足够压力和流量的压缩空气，并将其净化处理及存储的一套装置。气泵的输出压力可通过其上的过滤减压阀进行调节。

在气动控制系统中，气动执行元件是一种将压缩空气的能量转化为机械能，实现直线、摆动或者回转运动的传动装置。气动系统中常用的执行元件是气缸和气电动机。气缸用于实现直线往复运动，气电动机则是实现连续回转运动的动作。

气动执行元件作为气动控制系统中重要的组成部分，被广泛应用在各种自动化机械及生产装备中。为了满足各种应用场合的需要，实际设备中使用的气动执行元件不仅种类繁多，而且各元件的结构特点与应用场合也都不尽相同。表 3-5 给出了工程实际应用中常用气动执行元件的应用特点。

表 3-5　常用气动执行元件特点

类型	应用特点
单作用气缸	单作用气缸结构简单，耗气量少。在缸体内安装了弹簧，缩短了气缸的有效行程，活塞杆的输出力随运动行程的增大而减小，弹簧具有吸收动能的能力，可减小行程的撞击作用；一般用于短行程和对输出力与运动速度要求不高的场合
双作用气缸	通过双腔的交替进气和排气驱动活塞杆伸出与缩回，气缸实现往复直线运动，活塞前进或后退都能输出力（推力或拉力）；活塞行程可以根据需要设定，双向作用的力和速度可根据需要调节
摆动气缸	利用压缩空气驱动输出轴在一定角度范围内做往复回转运动，其摆动角度可在一定范围内调节，常用的固定角度有 90°、180°、270°；用于物体的转位、翻转、分类，阀门的开闭以及机器人的手臂动作等

续表

类型	应用特点
无杆气缸	无杆气缸节省空间，行程缸径比可达50～200，定位精度高，活塞两侧受压面积相等，具有同样的推力，有利于提高定位精度及长行程的制作。结构简单、占用空间小，适合小缸径、长行程的场合，但当限位器使负载停止时，活塞与移动体有脱开的可能
气动手爪	气动手爪的开闭一般是通过由气缸活塞产生的往复直线运动带动与手爪相连的曲柄连杆、滚轮或齿轮等机构，驱动各个手爪同步进行开、闭运动；主要针对机械手的用途而设计，用来抓取工件，实现机械手的各种动作

在气动控制系统中，控制元件控制和调节压缩空气的压力、流量和流动方向，以保证执行元件具有一定的输出力和速度，并按设计的程序正常工作。控制元件主要有气动压力控制阀、方向控制阀和流量控制阀。

气动压力控制阀用来控制气动控制系统中压缩空气的压力，以满足各种压力需求或节能，将压力减到每台装置所需的压力，并使压力稳定保持在所需的压力值上。压力控制阀主要有安全阀、顺序阀和减压阀等3种。

表3-6所示为主要气动压力控制阀的类型、作用及应用特点。在气动控制系统工程应用中，经常将分水滤气器、减压阀和油雾器组合在一起使用，此装置俗称为气动三联件。

表3-6　气动压力控制阀特点

类型	作用及应用特点
减压阀	对来自供气气源的压力进行二次压力调节，使气源压力减小到各气动装置需要的压力，并使压力值保持稳定
安全阀	也称为溢流阀，在系统中起到安全保护作用。当系统的压力超过规定值时，安全阀打开，将系统中的一部分气体排入大气，使得系统压力不超过允许值，从而保证系统不因压力过高而发生事故
顺序阀	这是依靠气路中压力的作用来控制执行元件按顺序动作的一种压力控制阀。顺序阀一般与单向阀配合在一起构成单向顺序阀

流量控制阀在气动系统中通过改变阀的流通截面积来实现对流量的控制，以达到控制气缸运动速度或者控制换向阀的切换时间和气动信号的传递速度。流量控制阀包括调速阀、单向节流阀和带消声器的排气节流阀等3种，如表3-7所示。

表3-7　气动流量控制阀特点

类型	应用特点
调速阀	当手轮开起圈数少时，进行小流量调节；当手轮开起圈数多时，节流阀杆将单向阀顶开至一定开度，可实现大流量调节。直通式调速阀接管方便，占用空间小
单向节流阀	单向阀的功能是靠单向型密封圈来实现的。单向节流阀是由单向阀和节流阀并联而成的流量控制阀，常用于控制气缸的运动速度，故常称为速度控制阀
带消声器的排气节流阀	带消声器的排气节流阀通常安装在换向阀的排气口上，控制排入大气的流量，以改变气缸的运动速度。排气节流阀常带有消声器，可降低排气噪声20dB以上。一般用于换向阀与气缸之间不能安装速度控制阀的场合及带阀气缸上

方向控制阀是气动系统中通过改变压缩空气的流动方向和气流通断来控制执行元件启动、停止及运动方向的气动元件。通常使用比较多的是电磁控制换向阀（简称为电磁阀）。电磁阀是气动控制中最主要的元件，它是利用电磁线圈通电时静铁芯对动铁芯产生电磁吸引力，使阀切换以改变气流方向。根据阀芯复位的控制方式，又可以将电磁阀分为单电控和双电控两种。

电磁控制换向阀易于实现电-气联合控制，能实现远距离操作，在气动控制中广泛使用。在使用双电控电磁阀时应特别注意的是，两侧的电磁铁不能同时得电，否则将会使电磁阀线圈烧坏。为此，在电气控制回路上，通常设有防止同时得电的联锁回路。电磁阀按阀切换通道数目的不同可以分为二通阀、三通阀、四通阀和五通阀。同时，按阀芯的切换工作位置数目的不同又可以分为二位阀和三位阀。

3.2.3　开关量传感器

开关量传感器又称为接近开关，是一种采用非接触式检测、输出开关量的传感器。在自动化设备中，应用较为广泛的主要有磁感应式接近开关、电容式接近开关、电感式接近开关和光电式接近开关等。

（1）磁感应式接近开关

磁感应式接近开关简称为磁性接近开关或磁性开关，其工作方式是当有磁性物质接近磁性开关传感器时，传感器感应动作，并输出开关信号，如图 3-13 所示。

在自动化设备中，磁性开关主要与内部活塞（或活塞杆）上安装有磁环的各种气缸配合使用，用于检测气缸等执行元件的两个极限位置。为了方便使用，每一磁性开关上都装有动作指示灯。当检测到磁信号时，输出电信号，指示灯亮。同时，磁性开关内部都具有过电压保护电路，即使磁性开关的引线极性接反，也不会使其烧坏，只是不能正常检测工作。

图 3-13　磁性开关内部结构图

（2）电容式接近开关

电容式接近开关（见图 3-14）利用自身的测量头构成电容器的一个极板，被检测物体构成另一个极板，当物体靠近接近开关时，物体与接近开关的极距或者介电常数发生变化，引起静电容量发生变化，使得和测量头连接的电路状态也相应地发生变化，并输出开关信号。

电容式接近开关不仅能检测金属零件，而且能检测纸张、橡胶、塑料及木材的非金属物体，还可以检测绝缘的液体。电容式接近开关一般应用在一些尘埃多、易接触到有机溶剂及需要较高性价比的场合中。由于检测内容的多样性，所以得到更广泛的应用。

图 3-14　电容式接近开关图

（3）电感式接近开关

电感式接近开关是利用涡流效应制成的开关量输出位置传感器。它由 LC 高频振荡器和放大处理电路组成，利用金属物体在接近时能使其内部产生电涡流，使得接近开关振荡能力衰减、内部电路的参数发生变化，进而控制开关的通断。由于电感式接近开关基于涡流效应工作，所以它检测的对象必须是金属。电感式接近开关对金属与非金属的筛选性能好，工作稳定可靠，抗干扰能力强，在现代工业检测中得到广泛应用。电感式接近开关的实物与电容式相似，在使用时要注意区分。

（4）光电式接近开关

光电式接近开关（见图 3-15）是利用光电效应制成的开关量传感器，主要由光发射器和光接收器组成。光发射器和接收器有一体式和分体式两种。光发射器用于发射红外光或可见光，光接收器用于接收发射器发射的光，并将光信号转换成电信号以开关量形式输出。

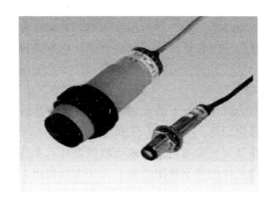

图 3-15　光电式接近开关图

按照接收器接收光的方式不同，光电式接近开关可以分为对射式、反射式和漫反射式 3 种。这 3 种形式光电接近开关的检测原理和方式都有所不同。

① 对射式光电接近开关的光发射器与光接收器分别处于相对的位置上工作，根据光路信号的有无来判断信号是否进行输出改变。此开关最常用于检测不透明物体，对射式光电接近开关的光发射器和光接收器有一体式和分体式两种。

② 反射式光电接近开关的光发射器与光接收器为一体化的结构，在其相对的位置上安置一个反射镜，光发射器发出的光以反射镜是否有反射光线被光接收器接收来判断有无物体。

③ 漫反射式光电接近开关的光发射器和光接收器集于一体，利用光照射到被测物体上反射回来的光线而进行工作。漫反射式光电接近开关的可调性很好，其敏感度可通过其背后的旋钮进行调节。

光电接近开关在安装时，不能安装在水、油、灰尘多的地方，应回避强光及室外太阳光等直射的地方，注意消除背景物景的影响。光电接近开关主要用于自动包装机、自动灌装机、自动封装机及自动或半自动装配流水线等自动化机械装置上。

3.2.4　模数转换部分

模拟量传感器是将被测量的非电学量转化为模拟量电信号的传感器。它检测在一定范围内变化的连续数值，发出的是连续信号，用电压、电流及电阻等表示被测参数的大小。在工程应用中，模拟量传感器主要用于生产系统中位移、温度、压力、流量及液位等常见模拟量的检测。

在工业生产实践中，为了保证模拟信号检测的精度和提高抗干扰能力，便于与后续处理器进行自动化系统集成，所使用的各种模拟量传感器一般都配有专门的信号转换与处理电路，将两者组合在一起使用，把检测到的模拟量变换成标准的电信号输出，这种检测装置称为变送器。

数字量传感器是一种能把被测模拟量直接转换为数字量输出的装置，它可直接与计算机系统连接。数字量传感器具有测量精度和分辨率高、抗干扰能力强、稳定性好、易于与计算机接口、便于信号处理和实现自动化测量以及适宜远距离传输等优点，在一些精度要求较高的场合应用极为普遍。工业装备上常用的数字量传感器主要有数字编码器（在实际工程中应用最多的是光电编码器）、数字光栅传感器和感应同步器等。

（1）光电编码器

光电编码器通过读取光电编码盘上的图案或编码信息来表示与光电编码器相连的测量装置的位置信息。根据光电编码器的工作原理，可以将其分为绝对式光电编码器和增量式光电编码器两种。

绝对式光电编码器通过读取编码盘上的二进制编码信息来表示绝对位置信息，二进制位数越多，测量精度越高，输出信号线对应越多，结构就越复杂，价格也就越高；增量式光电编码器直接利用光电转换原理输出 A、B 和 Z 相 3 组方波脉冲信号，A、B 两组脉冲相位差 $90°$，从而可方便地判断出旋转方向，Z 相为每转一个脉冲，用于基准点定位，其测量精度取决于码盘的刻线数，但结构相对于绝对式简单，价格便宜。

光电编码器是一种角度（角速度）检测装置，它将输入给轴的角度量，利用光电转换原理转换成相应的电脉冲或数字量，具有体积小、精度高、工作可靠和接口数字化等优点，它被广泛应用于数控机床、回转台、伺服传动、机器人、雷达及军事目标测定等需要检测角度的装置和设备中。

（2）数字光栅传感器

数字光栅传感器是根据标尺光栅与指示光栅之间形成的莫尔条纹制成的一种脉冲输出数字式传感器。它被广泛应用于数控机床等闭环系统的线位移和角位移的自动检测以及精密测量方面，测量精度可达几微米。

数字光栅传感器具有测量精度高、分辨率高、测量范围大及动态特性好等优点，适合于非接触式动态测量，易于实现自动控制，广泛用于数控机床和精密测量设备中。但是光栅在工业现场使用时，对工作环境要求较高，不能承受大的冲击和振动，要求密封，以防止尘埃、油污和铁屑等污染，故成本较高。

（3）感应同步器

感应同步器是应用定尺与滑尺之间的电磁感应原理来测量直线位移或角位移的一种精密传感器。由于感应同步器是一种多极感应元件，对误差起补偿作用，所以具有很高的精度。

感应同步器具有对环境温度和湿度变化要求低、测量精度高、抗干扰能力强、使用寿命长和便于成批生产等优点，在各领域应用极为广泛。直线式感应同步器已经广泛应用于大型精密坐标镗床、坐标铣床及其他数控机床的定位、数控和数显；圆盘式感应同步器常用于雷达天线定位跟踪、导弹制导、精密机床或测量仪器设备的分度装置等领域。

3.2.5 电动机驱动部分

（1）直流电动机

直流电动机是利用定子和转子之间的电磁相互作用，将输入的直流电能转换成机械能输出的电动机。直流电动机按励磁方式分为永磁、他励和自励3类，其中自励又分为并励、串励和复励3种。在实际的工程中依据应用需要，很多直流电动机带减速机构，将转速降到需要的速度并提高转矩输出。

应用中直流电动机有3种调速方法，即调节励磁电流、调节电枢端电压和调节串入电枢回路的电阻。调节电枢回路串联电阻的办法比较简单，但能耗较大。直流电动机的转向控制可采用改变电枢电压极性或励磁电压极性来实现，但两者不能同时改变，否则直流电动机运转方向不变。

直流电动机一般常用于低电压供电的电路中。例如，电动自行车、计算机电风扇、收录机电动机等，就是采用直流电动机作为动力的。直流电动机由于具有良好的调速性能、较大的启动转矩和过载能力，在许多工业部门，特别是在启动和调速要求较高的生产机械中得到广泛的应用。例如，大型轧钢设备、大型精密机床、矿井卷扬机、市内电车以及电缆设备等，都采用直流电动机作为原动机来拖动机械工作。

（2）交流电动机

交流电动机是利用定子和转子之间的电磁相互作用，将输入的交流电能转换成机械能输出的电动机。交流电动机根据转子转速与旋转磁场之间的关系又可以分为异步电动机和同步电动机。同时，根据电动机正常运行通电的相数又可分为单相和三相交流电动机。同样，很多交流电动机也带减速机构，将转速降到需要的速度并提高转矩输出。

由于三相异步电动机具有良好的工作性能和较高的性价比，所以在工农业生产中得到极为普遍的应用。在实际应用中，三相异步电动机的调速方法有变极调速、变频调速和改变转差率调速等3种。由于变频调速的调速性能优越，具有能平滑调速、调速范围广及效率高等诸多优点，所以随着变频器性价比的提高和应用的推广，越来越成为最有效的调速方式。三相异步电动机运转方向的改变，需要通过改变接入交流电动机供电电源的相序即可。对于采用变频器驱动的电动机，其转速和转向均可通过改变变频器的控制参数来实现。

交流电动机的工作效率较高，没有烟尘、气味，不污染环境，噪声也较小。由于它的一系列优点，所以在工农业生产、交通运输、国防、商业及家用电器、医疗电器设备等各方面均得到广泛应用。特别是中小型轧钢设备、矿山机械、机床、起重运输机械、鼓风机、水泵及农副产品加工机械等领域，大部分都采用三相异步电动机来拖动机械工作。

（3）步进电动机

步进电动机是将电脉冲信号转变为角位移的执行机构。当步进驱动器接收到一个脉冲信号时，它就驱动步进电动机按设定的方向转动一个固定的角度（即步距角）。根据步进电动机的工作原理，步进电动机工作时需要满足一定相序的较大电流的脉冲信号，生产装备中使用的步进电动机都配备有专门的步进电动机驱动装置来直接控制与驱动步进电动机的运转工作。目前比较常用的步进电动机分为永磁式（PM）、反应式（VR）和混合式（HB）3种。

步进电动机受脉冲的控制，其转子的角位移量和转速与输入脉冲的数量和脉冲频率成正比，可以通过控制脉冲个数来控制角位移量，以达到准确定位的目的。

同时，也可以通过控制脉冲频率来控制电动机转动的速度和加速度，从而达到调速的目的。步进电动机的运行特性还与其线圈绕组的相数和通电运行的方式有关。

步进电动机的运行特性不仅与步进电动机本身和负载有关，而且与配套使用的驱动装置有着十分密切的关系。目前使用的绝大部分步进电动机驱动装置都采用硬件环形脉冲分配器，与功率放大器集成在一起，共同构成步进电动机的驱动装置，可实现脉冲分配和功率放大两个功能。步进电动机驱动装置上还设置有多种功能选择开关，用于实现具体工程应用项目中驱动器步距角的细分选择和驱动电流大小的设置。

在实际应用中，首先按照步进电动机和驱动器装置具体对应的电气接口关系连接好硬件线路，然后根据需要设置好驱动器装置上步距角细分选择与电流设置开关，接下来控制器只需要提供一组控制步进电动机转速和方向的毫瓦（mW）数量级功率的可调脉冲序列，就可驱动电动机工作。步进电动机具有结构简单、价格便宜、精度较高以及使用方便等优点，在计算机的数字开环控制系统中（例如数控机床、印刷设备、打印机及自动记录仪等）应用广泛。虽然步进电动机也有一些弱点，但一般来说，均可满足对工作精度要求不高的应用领域的需要。

（4）伺服电动机

伺服电动机又称为执行电动机，在自动控制系统中用作执行元件，即把所接收到的电信号转换成电动机轴上的角位移或角速度输出。其主要的特点是：当信号电压为零时无自转现象，转速随着转矩的增加而匀速下降。伺服电动机可以分为直流和交流两种。20 世纪 80 年代以来，随着集成电路、电力电子技术和交流可变速驱动技术的发展，永磁交流伺服驱动技术有了突出的发展，各国著名电气厂商相继推出了各自的交流伺服电动机和伺服驱动器系列产品，并在不断完善和更新，交流伺服系统已成为当代高性能伺服系统的主要发展方向。

交流伺服电动机是无刷电动机，也分为同步和异步电动机。目前运动控制中一般都用同步电动机，它的功率范围大，可以做到很大的功率，大惯量，最高转动速度低（且随着功率增大而快速降低），适合应用于低速平稳运行的领域。

永磁同步交流伺服驱动器主要由伺服控制单元、功率驱动单元、通信接口单元、伺服电动机及相应的反馈检测器件组成。伺服控制单元包括位置控制器、速度控制器、转矩和电流控制器等，能实现多种控制运行方式。交流伺服电动机的转动精度取决于电动机自带编码器的精度（线数）。永磁同步交流伺服驱动器集先进的控制技术和控制策略于一体，使其非常适用于高精度、高性能要求的伺服驱动领域，并体现出强大的智能化、柔性化，是传统的驱动系统所不可比拟的。

当前，高性能的电伺服系统大多采用永磁同步型的交流伺服电动机，控制驱动器多采用快速、准确定位的全数字位置伺服系统。典型生产厂家有德国西门子、美国科尔摩根和日本松下及安川等公司。

交流伺服电动机具有控制精度高、矩频特性好、运行性能优良、响应速度快和过载能力较强等优点，在一些要求较高的自动化生产装备领域中应用比较普遍。但由于伺服电动机成本都比较高，所以在控制系统的设计过程中要综合考虑控制要求、成本等多方面的因素，选用适当的控制电动机。

伺服电动机被广泛应用于伺服系统。伺服系统又称随动系统，是用来精确地跟随或复现某个过程的反馈控制系统。伺服系统是物体的位置、方位、状态等输出被控量能够跟随输入目标（或给定值）的任意变化的自动控制系统。它的主要任务是按控制命令的要求，对功率进行放大、变换与调控等处理，使驱动装置输出的力矩、速度和位置控制非常灵活方便。在很多情况下，伺服系统专指被控制量（系统的输出量）是机械位移或位移速度、加速度的反馈控制系统，其作用是使输出的机械位移（或转角）准确地跟踪输入的位移（或转角），其结构组成和其他形式的反馈控制系统没有原则上的区别。

伺服系统主要由三部分组成：控制器、功率驱动装置和伺服电动机。控制器按照数控系统的给定值和通过反馈装置检测的实际运行值的差，调节控制量。功率驱动装置作为系统的主回路，一方面按控制量的大小将电网中的电能作用到电动机之上，调节电动机转矩的大小；另一方面按电动机的要求把恒压恒频的电网供电转换为电动机所需的交流电或直流电。伺服电动机又称执行电动机，在自动控制系统中，用作执行元件，把所收到的电信号转换成电动机轴上的角位移或角速度输出。其主要特点是，有控制电压时转子立即旋转，无控制电压时转子立即停转。转轴转向和转速是由控制电压的方向和大小决定的。

目前，高性能的伺服系统，大多数采用交流伺服系统。交流伺服系统由交流伺服驱动器和伺服电动机组成，伺服驱动器以高性能专用数字信号处理芯片为处理器，运用现代伺服电动机控制理论，以旋转编码器为反馈，以智能功率模块为逆变器实现对伺服电动机的全数字高性能控制；伺服电动机在伺服驱动器的控制下，按照一定的方向及转速旋转，根据负载情况输出一定力矩，带动传动系统运转。

3.3　工业机器人

3.3.1　工业机器人

工业机器人是面向工业领域的多关节机械手或多自由度的机器装置，是靠自身动力和控制能力来实现各种功能的一种机器。它能自动执行工作，可以接受人类指挥，也可以按照预先编好的程序运行，现代工业机器人还可以根据人工智能技术制定的原则纲领行动。它是集机械、电子、控制、计算机等多学科先进技术于一体的机电一体化设备，被称为工业自动化的三大支持技术之一。随着社会的进步和劳动力成本的增加，工业机器人在我国的应用已越来越广。

国际标准化组织在 ISO 8373 明确了机器人的定义：机器人是具备一定编程能力、利用已编程序实现控制各协作装置，执行指定任务，位置可控（可移动、可固定）的可编程操作机。

根据机器人的应用环境，将机器人分为工业机器人和服务机器人两类，前者用于环境已知的工业领域，后者用于环境未知的服务领域。

① 工业机器人。工业机器人（Industrial Robot，IR）是指在工业环境下应用的机器人，它是一种可编程的、多用途自动化设备。当前实用化的工业机器人以第一代示教再现机器人居多，但部分工业机器人（如焊接、装配等）已能通过图像的识别、判断来规划或探测途径，对外部环境具有了一定的适应能力，初步具备了第二代感知机器人的一些功能。

工业机器人根据其用途和功能，分为加工、装配、搬运、包装 4 大类。在此基础上，还可对每类进行细分。

② 服务机器人。服务机器人（Service Robot，SR）是服务于人类非生产性活动的机器人总称，它在机器人中的比例高达 95% 以上。根据 IFR（国际机器人联合会）的定义，服

务机器人是一种半自主或全自主工作的机械设备，它能完成有益于人类的服务工作，但不直接从事工业品的生产。

服务机器人的涵盖范围非常广，简言之，除工业生产用的机器人外，其他所有的机器人均属于服务机器人的范畴。因此，人们根据其用途，将服务机器人分为个人/家庭服务机器人（Personal/Domestic Robots）和专业服务机器人。

工业机器人具备 3 轴或多轴的机械手，运行具有极高的自由度，在程序控制下，可实现二维空间和三维空间的移动、旋转、搬运、装配等动作，广泛应用于工业自动化方面。

工业机器人是最先产业化的机器人技术，是综合计算机技术、机械传动技术、信息传感技术、控制理论及人工智能及仿生学等学科而形成的高新技术。它的出现有利于制造业生产规模化，有效替代人从事单调、重复性的体力劳动，提高了生产质量和效率。工业机器人是面向工业领域依靠自身动力和控制能力实现自动执行各种工作功能的多关节机械手或多自由度机器人或拟人化机械电子装置。其既可以接受人工手动指挥，也可以按照预编的程序控制运行，现代的工业机器人还可以根据人工智能技术制定的原则纲领行动。

就工业机器人而言，其基本组成结构有机械结构系统、驱动系统、控制系统、传感检测系统、人机交互系统以及机器人环境交互系统等 6 个部分，各部分系统作用如表 3-8 所示。

表 3-8　工业机器人组成及作用

基本体系结构	组成作用
机械结构系统	指组成机身、臂部和手部等部件的一系列连杆、关节或其他形式的运动副组成的执行机构，可实现各个方向上的运动
驱动系统	提供给工业机器人各个轴运行动力的传动装置：它可以是液压、气动、电动或者其结合应用的系统；可以直接驱动或者通过同步带、链条、轮系及齿轮等传动机构间接驱动
控制系统	由传感装置、控制装置、轴伺服驱动部分和控制软件组成。它是机器人系统的中枢，既可控制调整工业机器人自身运动位置与姿态，又能根据工业机器人作业程序指令及传感器反馈信号支配机器人上执行机构完成规定作业功能；同时能够与周边设备协调控制
传感检测系统	由内部传感器和外部传感器组成，用于获取工业机器人内部和外部环境状态及工作对象准确有效的信息
人机交互系统	是操作人员与工业机器人之间直接交互对话的装置，拥有单独的 CPU 和存储单元，以串行或并行通信方式与计算机进行信息交互，用于示教工业机器人的工作轨迹和参数设定
机器人环境交互系统	是实现工业机器人与外部环境中的设备相互联系和协调的系统，使工业机器人能与外围设备成为一个能执行复杂任务的功能单元

一般而言，工业机器人的机械结构主要是由机身（也称为立柱）、臂部、腕部和手部等几个部分组成（见图 3-16），若是可移动的工业机器人，还需额外的移动机构。

① 机身：又称为立柱，是工业机器人的基础部分，主要起到支撑作用，通常固定式工业机器人的机身直接固定在地面或者平台上，移动式的工业机器人则固定在移动机构上。

② 臂部：包括上臂与前臂，是工业机器人主体机构，一般有 2~3 个自由度，与控制系

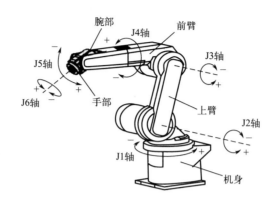

图 3-16　工业机器人机械结构

统和驱动系统一起安装在机身上；用于支撑腕部和手部，并带动它们使手部中心按一定的运动轨迹运动到指定位置。

③ 腕部：是连接臂部与手部的部件，主要用于调整改变手部在空间的方位，使手部中的工具或者工件在某一指定姿态。腕部有独立的自由度，所需自由度的多少可根据工业机器人的工作性能来确定，以满足工业机器人手部复杂位姿的调整。

④ 手部：是用于抓持物件的机构，又称为末端操作器。手部是一个独立部件，其结构形式多样，大部分根据物件形状和工作要求而专门设计，其自由度也是根据需要而定。手部决定工业机器人作业完成及作业柔性好坏的关键部件之一。

一个完整的工业机器人系统，除了基本机械结构外，还需要各种位姿、运动关系以及坐标系统配合使用完成控制目的。工业机器人的各种坐标系均是由正交的右手定则来决定，其主要可分为基坐标系、大地坐标系、工件坐标系和工具坐标系，各坐标系如图 3-17 所示。

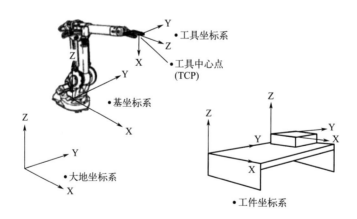

图 3-17　坐标系示意图

大地坐标系：这是一种由 X、Y、Z 轴所定义的通用坐标系，通常用来定义机器人相对于其他物体运动、与机器人通信的其他部件以及机器人的运动路径。在这种坐标下机器人不管在何种姿态，运动都是由 3 个坐标轴表示而成。

基坐标系：对于单个工业机器人而言，绝对坐标系可以与本体坐标系看作同一个坐标系；但是对于多个工业机器人组成的系统，则是两个不同的坐标系。

工件坐标系：工件坐标系是一种位置固定于工件上的笛卡尔坐标系，是编制程序时用来确定末端操作器和程序起点的，可由相对于本体坐标系的偏移量来设定。该坐标系原点可根据具体情况确定，但坐标轴的方向应与本体坐标系一致并且与之有确定的偏移关系。

工具坐标系：是一个动态坐标系，用来描述工业机器人手部（J6轴）上的夹持机构相对于手部工具中心点（TCP）上的坐标系的运动。它随着工业机器人的运动而不断改变，因此工具坐标系所表示的运动也不同，这取决于机器人臂部位置以及工具坐标系的姿态。

另外，工业机器人的技术指标反映了工业机器人的工作性能和适用范围，是选择使用机器人必须要考虑的问题。其技术指标主要体现就是其技术参数，指的是工业机器人制造商在产品供货时提供的技术参数。尽管各厂商提供工业机器人的技术参数不完全相同，但是均包含其主要的技术参数，一般应包括自由度、工作精度、工作范围、工作速度和承载能力等，表 3-9 为工业机器人主要技术参数说明。

表 3-9　工业机器人主要技术参数说明

主要技术参数	参数说明
自由度	指工业机器人所具有的独立坐标轴运动的数目，但不包括末端操作器的开合自由度
工作精度	包括定位精度和重复定位精度两方面。定位精度是指工业机器人手部实际达到位置与目标位置之间的差异，重复定位精度是指工业机器人重复定位其手部到同一目标位置的能力，可用标准偏差来表示，是衡量一系列误差值的密集度，即重复度
工作范围	指工业机器人臂部末端或腕部中心所能到达的所有点的集合，也就是不安装末端操作器时的工作区域。工作范围的形状和大小直接影响机器人执行作业任务完成情况
工作速度	主要包括速度和加速度，是表明工业机器人运动特性的主要指标。由于驱动器输出功率的限制。无论是从启动到达最大稳定的速度或从最大稳定速度到停止，都需要一定时间，所以在实际应用中不能单纯地考虑最大稳定速度，还要考虑最大允许加减速度
承载能力	指工业机器人在工作范围内的任何位置和姿态上所能承受的最大质量。承载能力也是指高速运行时承载能力，不仅取决负载和机器人末端操作器的质量，还与工业机器人运行的速度和加速度的大小和方向有关；同时其也受到驱动器功率、材料极限应力的限制

目前，工业机器人的分类国际上没有统一的标准，按照结构坐标系可以分为直角坐标型、圆柱坐标型、球坐标型、关节坐标型和平面关节型 5 种；按照驱动方式可以分为气压驱动式、液压驱动式和电机驱动式 3 种，也有少部分的机器人采用混合驱动方式，就是液-气或电-气或电-液混合驱动方式；按照工作用途可以分为焊接机器人、装配机器人、检测机器人、搬运机器人和喷涂机器人等。

在全球工业机器人的诸多制造商中，日本与欧洲市场占有率最高，技术最为先进，实现了精密减速机、控制器、伺服系统等上游核心部件的生产自主化。

3.3.2　工业机器人工作原理

目前工业机器人工作主要是程序控制，主要的编程方式有现场编程、离线编程以及自主编程。

3.3.2.1　现场编程

现场编程通常由操作人员通过示教器控制机械手工作末端到达指定的位置和姿态，记录机器人未知数据，并编写机器人运动指令，完成机器人在正常工作中的轨迹规划。示教器具有实时在线的优势，操作简便直观。例如，采用机器人对汽车车身进行点焊，首先由操作人员控制机器人到达各个焊点，对各焊点轨迹进行人工示教，在焊接过程中通过示教再现的方式，再现焊接轨迹，从而实现车身各个位置焊点的焊接，但是传统的在线示教编程存在很大局限性，例如，在焊接过程中车身的位置很难保证每次都完全一样，故在实际现场编程时为了使示教点更精确，通常需要增加激光传感器、力觉传感器和其他辅助示教设备对示教点的路径进行纠偏和校正。借助激光传感器等装置进行辅助示教，提高了机器人使用的柔性和灵活性，降低了操作的难度，提高了机器人加工的精度和效率，这在很多场合是非常实用的。

3.3.2.2　离线编程

离线编程是在不使用真实机器人的情况下，在软件建立的三维虚拟环境中利用仿真的机器人进行编程。与现场编程相比，离线编程具有以下优点。

① 少停机的时间，当对下一个任务进行编程时，机器人可仍在生产线上工作；

② 使编程者远离危险的工作环境，改善了编程环境；

③ 使用范围广，可以对各种机器人进行编程，并能方便地实现优化编程；

④ 便于和 CAD/CAM 系统结合，做到 CAD/CAM/ROBOTICS 一体化；

⑤ 可使用高级计算机编程语言对复杂任务进行编程；

⑥ 便于修改机器人程序。

机器人离线编程是利用计算机图形学的成果，通过对工作单元进行三维建模，在仿真环境中建立与现实工作环境对应的场景，采用规划算法对图形进行控制和操作，在不使用实际机器人的情况下进行轨迹规划，进而生成机器人程序，流程如图 3-18 所示。

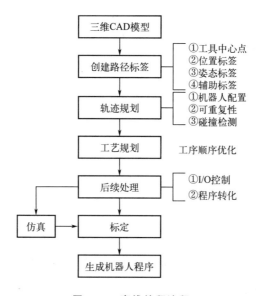

图 3-18　离线编程流程

3.3.2.3　自主编程

随着技术的发展，各种跟踪测量传感技术日益成熟，人们开始研究根据焊缝的测量信息反馈，由计算机控制焊接机器人进行路径规划的自主编程技术。

（1）基于激光结构光的自主编程

基于激光结构光的路径自主规划的原理是将结构光传感器安装在机器人的末端，形成"眼在手上"的工作方式。例如，利用焊缝跟踪技术逐点测量焊缝的中心坐标，建立起焊缝轨迹数据库，在焊接时作为焊枪的路径。

（2）基于双目视觉的自主编程

基于视觉反馈的自主示教是实现机器人路径自主规划的关键技术，其主要原理是在一定条件下，由主控计算机通过视觉传感器沿焊缝自动跟踪、采集并识别焊缝图像，计算出焊缝的空间轨迹和方位（即位姿），并按优化焊接要求自动生成机器人焊枪的位姿参数。

（3）多传感器信息融合自主编程

采用力传感器、视觉传感器以及位移传感器构成一个高精度自动路径生成系统。该系统集成了位移、力、视觉控制，引入视觉伺服，可以根据传感器反馈信息执行动作。该系统中机器人能够根据记号笔绘制的线自动生成机器人路径，位移传感器用来保持机器人 TCP 的位姿，视觉传感器用来保证机器人自动跟随曲线，力传感器用来保持 TCP 与工件表面距离的恒定。

在当前工业机器人的应用中，现场编程仍然是主要的机器人编程方法，但对于复杂的三维轨迹，现场编程不但费时而且难以满足精度的要求，因此在视觉引导下由计算机控制机器人的自主编程取代了现场编程，已成为发展趋势。

3.4　机器视觉设备

3.4.1　机器视觉

人类感知外部世界主要是通过视觉、触觉、听觉和嗅觉等感觉器官，其中约 60％的信息是由视觉获取的。因此，对于智能机器来说，赋予机器以人类视觉的功能，对发展智能机器是极其重要的。由于人眼无法连续地、稳定地完成这些带有高度重复性和智慧性的工作，其他物理量传感器也难独立完成。因此人们开始考虑利用光电成像系统，采集被控目标的图像，而后经计算机或专用的图像处理模块进行数字化处理，根据图像的像素分布、亮度和颜色等信息，来进行尺寸、形状、颜色等的判别。这样，就把计算机的快速性、可重复性，与人眼视觉的高度智能化和抽象能力相结合，由此产生了机器视觉的概念。机器视觉的发展不仅将大大推动智能系统的发展，也将拓宽计算机与各种智能机器的研究范围和应用领域。

美国制造工程协会（American Society of Manufacturing Engineers，ASME）机器视觉分会和美国机器人工业协会（Robotic Industries Association，RIA）的自动化视觉分会对机器视觉的定义为："机器视觉（Machine Vision）是通过光学的装置和非接触的传感器自动地接受和处理一个真实物体的图像，通过分析图像获得所需信息或用于控制机器运动的装置"。

机器视觉技术是多种技术的融合，运用了计算机、图像传感、自动控制、图像处理等多领域的知识。机器视觉技术的出现主要是为了让机器能够准确感知外界环境的变化，从而通过内置程序作出所对应的动作。机器视觉相对于人眼来说具有更好的柔性，其可以不用调整硬件设备而只对程序进行升级就可以应用到不同的视觉系统中，适应各种工作模式。

机器视觉系统一般包括以下几个部分：光源、镜头、相机和图像采集单元。

① 相机与镜头   这部分属于成像器件，通常的视觉系统都是由一套或者多套这样的成像系统组成。按照不同标准可分为标准分辨率数字相机和模拟相机等。要根据不同的实际应用场合选不同的相机和高分辨率相机：诸如线扫描 CCD 和面阵 CCD；单色相机和彩色相机。如果有多路相机，可能由图像采集卡切换来获取图像数据，也可能由同步控制同时获取多相机通道的数据。根据应用的需要，相机可能是输出标准的单色视频（RS-170/CCIR）、复合信号（Y/C）、RGB 信号，也可能是非标准的逐行扫描信号、线扫描信号、高分辨率信号等。镜头选择应注意焦距、目标高度、影像高度、放大倍数、影像至目标的距离、畸变等。

② 光源   作为辅助成像器件，对成像质量的好坏往往能起到至关重要的作用，各种形状的 LED 灯、高频荧光灯、光纤卤素灯等都容易得到。照明是影响机器视觉系统输入的重要因素，它直接影响输入数据的质量和应用效果。由于没有通用的机器视觉照明设备，所以针对每个特定的应用实例，要选择相应的照明装置，以达到最佳效果。光源可分为可见光和不可见光。常用的几种可见光源是白炽灯、日光灯、水银灯和钠光灯。光源系统按其照射方法可分为背向照明、前向照明、结构光和频闪光照明等。其中，背向照明是被测物放在光源和摄像机之间，它的优点是能获得高对比度的图像。前向照明是光源和摄像机位于被测物的同侧，这种方式便于安装。结构光照明是将光栅或线光源等投射到被测物上，根据它们产生的畸变，解调出被测物的三维信息。频闪光照明是将高频率的光脉冲照射到物体上，可获得瞬间高强度照明，但摄像机拍摄要求与光源同步。

③ 传感器   通常以光电开关、接近开关等的形式出现，用以判断被测对象的位置和状态，告知图像传感器进行正确的采集。

④ 图像采集卡   通常以插入卡的形式安装在 PC 中，图像采集卡的主要工作是把相机输出的图像输送给电脑主机。它将来自相机的模拟或数字信号转换成一定格式的图像数据流，同时它可以控制相机的一些参数，比如触发信号、曝光/积分时间、快门速度等。图像采集卡通常有不同的硬件结构以针对不同类型的相机，同时也有不同的总线形式，比如 PCI、PCI64、CompactPCI、PCI04、ISA 等。图像采集卡直接决定了摄像头的接口：黑白、彩色、模拟、数字等。比较典型的是 PCI 或 AGP 兼容的捕获卡，可以将图像迅速地传送到计算机存储器进行处理。有些采集卡有内置的多路开关。

⑤ PC 平台   电脑是 PC-BASED 视觉系统的核心，在这里完成图像数据的处理和绝大部分的控制逻辑，对于检测类型的应用，通常都需要较高频率的 CPU，这样可以减少处理的时间。同时，为了减少工业现场电磁、振动、灰尘、温度等的干扰，必须选择工业级的电脑。

⑥ 视觉处理软件   机器视觉软件用来完成输入的图像数据的处理，然后通过一定的运算得出结果，这个输出的结果可能是 PASS/FAIL 信号、坐标位置、字符串等。常见的机器视觉软件以 C/C++图像库、ActiveX 控件、图形式编程环境等形式出现，可以是专用功能的（比如仅仅用于 LCD 检测、BGA 检测、模板对准等），也可以是通用目的的（包括定位、测量、条码/字符识别、斑点检测等）。

⑦ 控制单元（包含 I/O、运动控制、电平转化单元等）   一旦视觉软件完成图像分析（除非仅用于监控），紧接着需要和外部单元进行通信以完成对生产过程的控制。简单的控制可以直接利用部分图像采集卡自带的 I/O，相对复杂的逻辑/运动控制则必须依靠附加可编程逻辑控制单元/运动控制卡来实现必要的动作。

上述的 7 个部分是一个基于 PC 式的视觉系统的基本组成，在实际的应用中针对不同的场合可能会有不同的增加或减少。

机器视觉的特点如下。

① 非接触测量：对于观测者与被观测者都不会产生任何损伤，从而提高系统的可靠性。在一些不适合人工操作的危险工作环境或人工视觉难以满足要求的场合，常用机器视觉来替代人工视觉。

② 具有较宽的光谱响应范围：例如使用人眼看不见的红外测量，扩展了人眼的视觉范围。

③ 连续性：机器视觉能够长时间稳定工作，使人们免除疲劳之苦。人类难以长时间对同一对象进行观察，而机器视觉则可以长时间地作测量、分析和识别任务。

④ 成本较低，效率很高：随着计算机处理器价格的急剧下降，机器视觉系统的性价比也变得越来越高。而且，视觉系统的操作和维护费用非常低。在大批量工业生产过程中，用人工视觉检查产品质量效率低且精度不高，用机器视觉检测方法可以大大提高生产效率和生产的自动化程度。

⑤ 机器视觉易于实现信息集成，是实现计算机集成制造的基础技术：正是由于机器视觉系统可以快速获取大量信息，而且易于自动处理，也易于同设计信息以及加工控制信息集成。因此，在现代自动化生产过程中，人们将机器视觉系统广泛地用于工况监视、成品检验和质量控制等领域。

⑥ 精度高：人眼在连续目测产品时，能发现的最小瑕疵为 0.3mm，而机器视觉的检测精度可达到千分之一英寸。

⑦ 灵活性高：视觉系统能够进行各种不同的测量。当应用对象发生变化以后，只需软件做相应的变化或者升级，以适应新的需求即可。

机器视觉系统比光学或机器传感器有更好的可适应性。它们使自动机器具有了多样性、灵活性和可重组性。当需要改变生产过程时，对机器视觉来说"工具更换"仅仅是软件的变换而不是更换昂贵的硬件。当生产线重组后，视觉系统往往可以重复使用。

3.4.2　机器视觉工作原理

一个完整的图像识别系统通常按照以下步骤进行工作：

① 工件定位传感器探测到物体已经运动至接近摄像系统的视野中心，向图像采集单元发送触发脉冲；

② 图像采集单元按照事先设定的程序和延时，分别向摄像机和照明系统发出触发脉冲；

③ 摄像机停止目前的扫描，重新开始新的一帧扫描，或者摄像机在触发脉冲来到之前处于等待状态，触发脉冲到来后启动一帧扫描；

④ 摄像机开始新的一帧扫描之前打开电子快门，曝光时间可以事先设定；

⑤ 另一个触发脉冲打开灯光照明，灯光的开启时间应该与摄像机的曝光时间匹配；

⑥ 摄像机曝光后，正式开始一帧图像的扫描和输出；

⑦ 图像采集单元接收模拟视频信号通过 A/D 将其数字化，或者是直接接收摄像机数字化后的数字视频数据；

⑧ 图像采集单元将数字图像存放在处理器或计算机的内存中；

⑨ 处理器对图像进行处理、分析、识别，获得测量结果或逻辑控制值；

⑩ 处理结果控制生产流水线的动作、进行定位、纠正运动的误差等。

从上述的工作流程可以看出，机器视觉系统是一种相对复杂的系统。大多监控对象都是运动物体，系统与运动物体的匹配和协调动作尤为重要，所以给系统各部分的动作时间和处理速度带来了严格的要求。

尽管机器视觉应用各异，归纳一下，其都包括以下几个过程，如图 3-19 所示。

① 图像采集：光学系统采集图像，图像转换成数字格式并传入计算机存储器；②图像处理：处理器运用不同的算法来提高对检测有重要影响的图像像素；③特征提取：处理器识别并量化图像的关键特征，例如位置、数量、面积等，然后这些数据传送到控制程序；④判决和控制：处理器的控制程序根据接收到的数据做出结论。

图 3-19　图像识别流程

第 4 章
自动化检定流水线操作与维护保养

本章对自动化检定流水线各系统的操作和对各单元的维护保养情况进行了介绍。首先对自动化检定流水线控制电源、主控系统、电控系统、PLC 控制系统及各功能单元的基本操作进行了总结，然后对自动化检定流水线的各功能单元的维护保养要求进行了说明。

4.1 自动化检定流水线操作

4.1.1 控制电源启动与关闭

（1）准备工作

① 检查 380V 总电源是否正常供电；

② 检查总电源闭合之前检定线电源柜电源开关处于断开状态；

③ 检查并断开检定线控制柜，上、下料机器人控制箱，电源开关等；

④ 检查托盘是否都放在输送线上，并确认托盘位置都已经摆正。

- 气路检查

① 确认空压机是否已经打开，气源供气是否稳定；

② 供气一定时间后，检查线体是否有漏气现象。如有，会听到明显的气鸣声；

③ 确认线体不存在漏气后，检查当前线体气压，确保气压保持在 0.6～0.8MPa。

- 电路检查

① 在系统上电之前，保证现场没有工作人员正在进行有关操作电的作业；

② 检查线体各部分电路是否存在短路现象，尤其是保证总电柜不存在短路现象；

③ 上电之前，检查各电气连接头，如机器人是否有松动；

④ 在确保安全的情况下，给系统上总电；

⑤ 上完总电后，检查各电气设备是否有损坏现象。

- 线体物流检查

① 检查各线体内的托盘、表箱等是否在正确的位置上，排除卡箱等影响物流的情况；

② 检查感应开关等是否有损坏现象，如托盘已到位但开关不亮等；

③ 系统启动之前，检查线体各部位是否有手动操作，如有请全部打入自动状态；

④ 确保以上步骤后，请检查线体内是否有人为造成的实际数据与控制平台的数据不相符的现象，如某个工位托盘数量存在异常。

（2）系统启动

① 上电前，务必确保现场没有工作人员对电作业，注意用电安全；

② 在确保安全的情况下，合闸上总电。电柜内电源总线为 380V 三相电，合闸时注意用电安全，防止误操作导致人员损伤；

③ 确认机器人安全范围内没有现场人员后再给机器人上电；

④ 检查相关软件是否打开，确保线体正常运行；

⑤ 检查触摸屏，是否有专机或线体被屏蔽，如有，确认无误后取消屏蔽；

⑥ 在确保一切情况无误后，在主控柜上按下线体启动按钮。

具体操作如图 4-1～图 4-3 所示。

图 4-1　合闸上总电

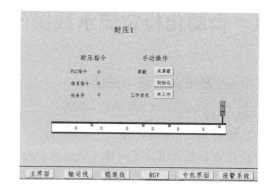

图 4-2　确认设备处于未屏蔽状态

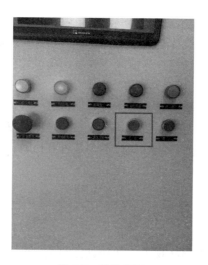

图 4-3　线体启动

（3）系统关闭

① 断电前，务必确保现场没有工作人员带电作业，注意用电安全；

② 在确保一切情况无误后，在主控柜上按下线体停止按钮；

③ 在确保安全的情况下，拉闸断开总电。电柜内电源总线为 380V 三相电，拉闸时注意用电安全，防止误操作导致人员损伤。

具体操作如图 4-1～图 4-3 相反。

4.1.2　主控系统操作

（1）检定任务

主控系统中打开检定任务列表界面，点击查询按钮，可以根据任务号、安排时间及是否为本地库装箱查看当前系统中已经存在的检定任务信息，包括检定任务号、申请编号、设备类别、任务数量、申请数、检定数、装箱数等信息，如图 4-4 所示。

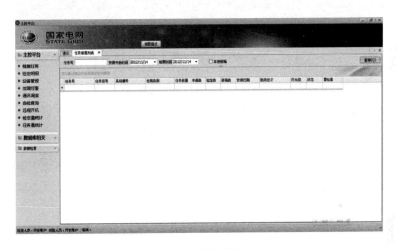

图 4-4　检定任务

（2）设备管理

设备管理包括台体管理、RGV 信息管理。可以修改锁定状态以及检测状态。但是状态的修改可能影响系统的正常运行，需要谨慎操作。

在任一行右击会显示一个菜单，点击相应条目就可以修改台体或 RGV 的状态，如图 4-5 所示。

（3）故障报警

主控系统中打开故障报警界面，可以查看系统中已经存在的故障报警信息，包括报警信息的系统编号、报警操作、报警内容、报警时间和处理时间等详细信息，故障报警属于日志记录，不能修改或删除已经存在的记录，也不能手工添加新的记录，如图 4-6 所示。

（4）通信调度

此功能主要是与通讯中间件的通讯使用，通讯前需先连接，待状态显示"连接"方可正常使用。此功能下，包括接收日志、发送日志、设备核对消息、信息绑定消息、多功能分配、本地装箱、装箱码垛、故障报警等关键点信息输出，方便用户直观处理遇到的异常等，

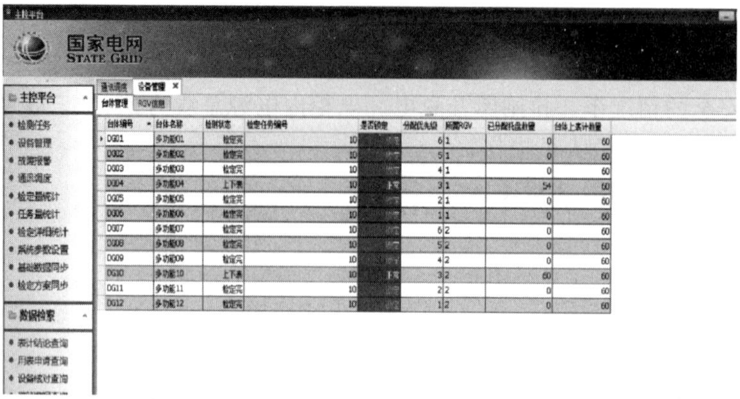

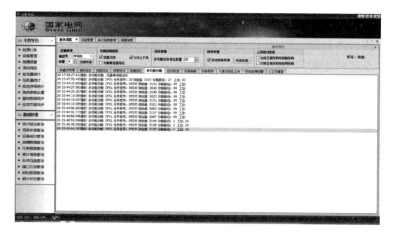

图 4-5　设备管理

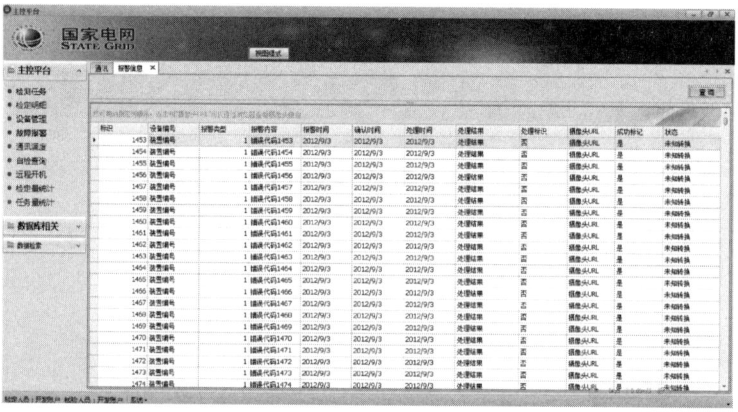

图 4-6　故障报警

如图 4-7 所示。

图 4-7　通信调度

右上角会显示连接状态，成功连接中间件会显示连接，未连接或连接后断开会显示为未连接。

　　分配控制参数可以控制分配规则，"空盘回流"会强制所有空托盘回流而不去下表，因线体运行时一般不允许单独下表，只有某个任务需要结束，下个任务尚未执行时，该任务需要单独下表入库时才需要使用空托盘下表功能，否则是通过上下表功能来检定该任务的表。当需要空托盘下表时，不勾选"空盘回流"即可，其他时间需要保持勾选状态，如图 4-8 所示。

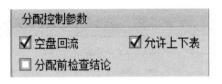

图 4-8　分配控制参数

勾选自动用表申请可以自动申请用表，如图 4-9 所示。

图 4-9　用表申请

（5）检定量统计

　　主控系统中打开检定量统计结果界面，选择日期条件可以查询出系统中已经存在的检定量统计信息，包括检定量统计信息的检定日期、检定数量、使用时间小时数、起始时间、结束时间（以装箱时间为准）。界面底部统计有检定总量和使用小时总数，如图 4-10 所示。

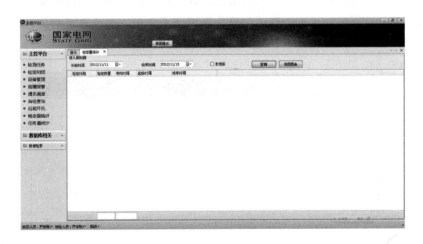

图 4-10　检定量统计

　　当"本地库"勾选时，为查询本地库的检定量，默认以中间库为查询条件，点击"查询"按钮即可按选定的时间查询检定量信息。

点击"视图图表"即可图形显示检定量信息。

（6）任务量统计

主控系统中打开任务量统计界面，选择日期条件可以查询出系统中已经存在的任务量统计信息，包括任务量统计信息的安排时间、任务号、任务状态、安排数量、核对数、回库数、不合格数、合格数等信息。如果勾选"本地库"，则以本地库装箱为准；默认以实际装箱数为准。相关统计在界面底部，如图 4-11 所示。

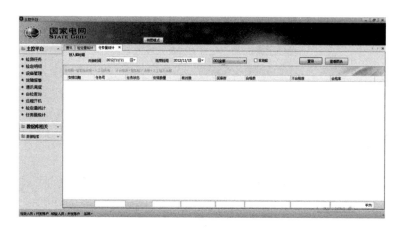

图 4-11　任务量统计

点击"查询"按钮即可按选定的时间查询检定量信息。

点击"视图图表"即可图形显示检定量信息。

（7）表结论查询

打开表结论查询界面，输入任务、表条码、检定项等条件可以查询出系统中已经存在的表结论信息，包括表结论信息的任务号、设备 ID、条码号、外观结论、耐压结论、检定误差结论、总结论及总数统计。可以通过右键修改表结论，可以针对具体的检定项，比如右键点击外观结论部分，可单独设置外观的结论为合格或不合格，此设置影响总结论，即如果有任何一检定项不合格，则总结论不合格，如图 4-12 所示。

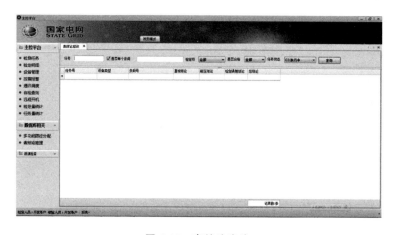

图 4-12　表结论查询

（8）设备核对查询

选择设备核对查询页，查询条件为箱号、表条码及任务状态。在设备核对节点，可以通过箱号或是表条码查询本箱或本表的核对情况，支持模糊查询，如图 4-13 所示。

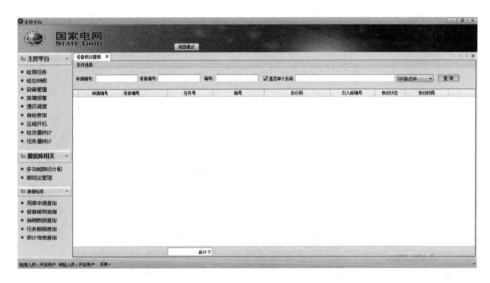

图 4-13　设备核对查询

（9）装箱数据查询

选择装箱查询页，查询条件为任务号、箱号、表条码及垛号。在装箱节点，可以通过组合条件或单个条件查询装箱情况，支持模糊查询，如图 4-14 所示。

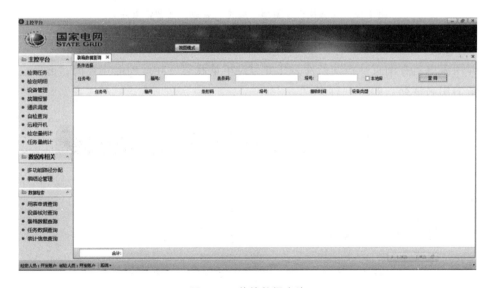

图 4-14　装箱数据查询

（10）任务数据查询

选择任务查询页，查询条件为任务号及任务安排时间。在此功能点下，可以查询指定条件安排的任务情况，如图 4-15 所示。

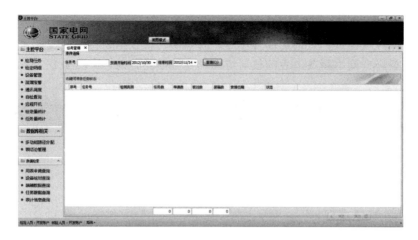

图 4-15　任务数据查询

可以在选中行上右键设置任务的暂停、终止或完成，如图 4-16 所示。

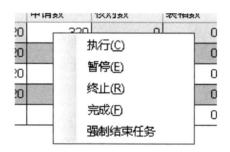

图 4-16　任务执行、暂停、终止、完成、强制结束任务

（11）用表申请查询

选择用表申请查询页，查询条件为任务号及申请状态。在此功能点查询，可以查询指定条件申请的用表情况，如图 4-17 所示。

图 4-17　用表申请查询

（12）表计信息查询

选择表计信息查询页，查询条件为任务号、表条码、托盘号及台体编号。在此功能查询点下，可以查询指定条件表计信息情况，如图 4-18 所示。

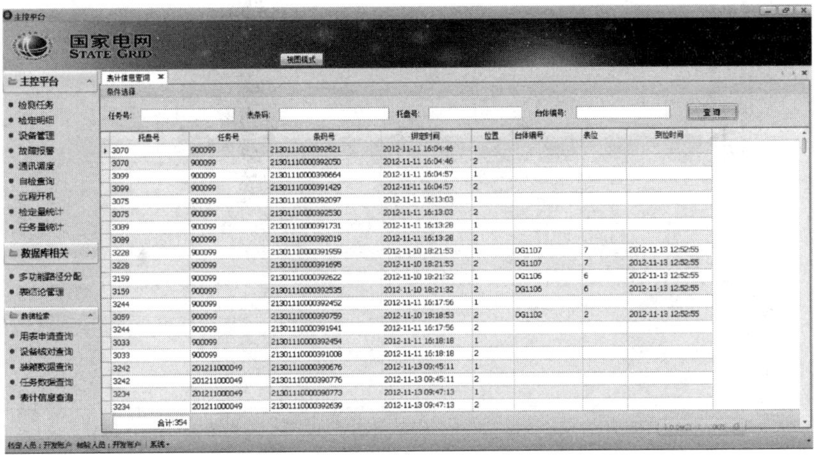

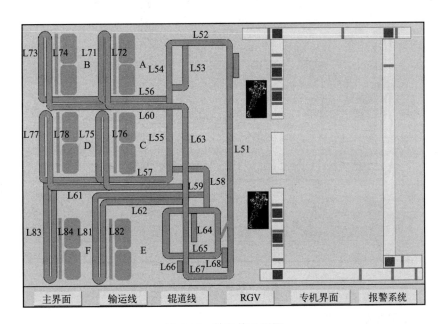

图 4-18　表计信息查询

4.1.3　电控系统操作

（1）监控功能

触摸屏可对线体数据进行实时监控并修改，点击输运线进入输运线平面图，如图 4-19 所示。

图 4-19　输运线平面图

点击相应区域可进入对应区域图形，点击进入 L53－L54，如图 4-20 所示。

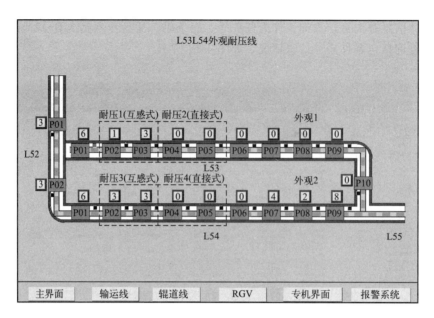

图 4-20　外观耐压线示意图

每条线体以阻挡为界分为多个工位 P01、P02 等等，每个阻挡代表一个工位，图中黑色小块代表各阻挡，若放行则会变成绿色。每个工位上都能显示当前工位的托盘数，点击相应的工位可进入查看托盘号并修改，如图 4-21 所示。

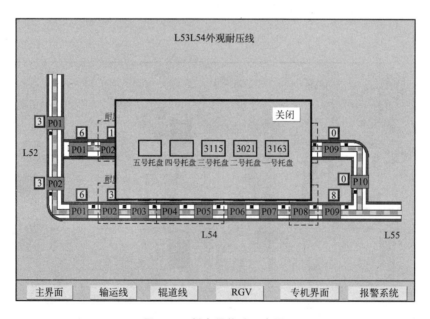

图 4-21　托盘号修改示意图

（2）故障复位及手动控制

触摸屏可初始化出现异常的顶升、阻挡等，并对其硬件进行手动控制，如图 4-22 所示。

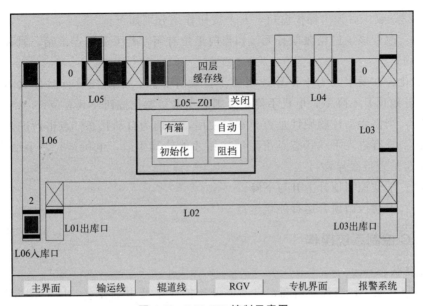

图 4-22　L05-Z01 控制示意图

如图 4-22，点击后弹出操作窗口，四个按钮作用分别如下。

① 有箱：改变该工位箱数据有无，如当前工位有箱，若手动搬走该箱，则需点击有箱，使其变成无箱；

② 初始化：在发生人为干预导致当前工位硬件异常，如阻挡放行时人为干预导致阻挡不复位，则需点击初始化按钮使其复位；

③ 自动：当需手动校验硬件是否异常时使用，当前为自动状态，点击后进入手动状态；

④ 阻挡：只有进入手动状态点击阻挡按钮才能使其生效，手动控制阻挡上下，检验是否接线异常。

L05-D01 控制单元如图 4-23 所示。

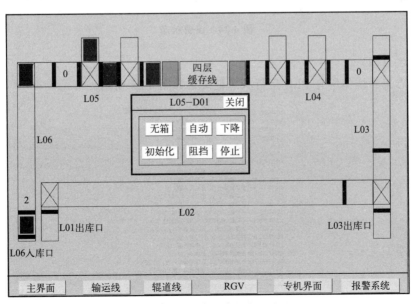

图 4-23　L05-D01　控制示意图

如图 4-23，点击后弹出操作窗口，六个按钮作用分别如下。

① 有箱：改变该工位箱数据有无，如当前工位有箱，若手动搬走该箱，则需点击有箱，使其变成无箱；

② 初始化：在发生人为干预导致当前工位硬件异常，如阻挡放行时导致阻挡不复位，顶升输运时导致顶升不降下，电机不停止等则需点击初始化按钮使其复位；

③ 自动：当需手动校验硬件是否异常时使用，当前为自动状态，点击后进入手动状态；

④ 阻挡：只有进入手动状态点击阻挡按钮才能使其生效，电机运行，手动控制阻挡是否放行，检验是否接线异常；

⑤ 下降：手动控制顶升上升与下降；

⑥ 停止：手动控制顶升运行停止运行。

4.1.4 PLC 控制系统操作

（1）设备状态

PLC 控制系统中，当程序启动，自动登录连接设备及电测设备，同时设备状态页可查看所有设备的状态，如图 4-24 所示。

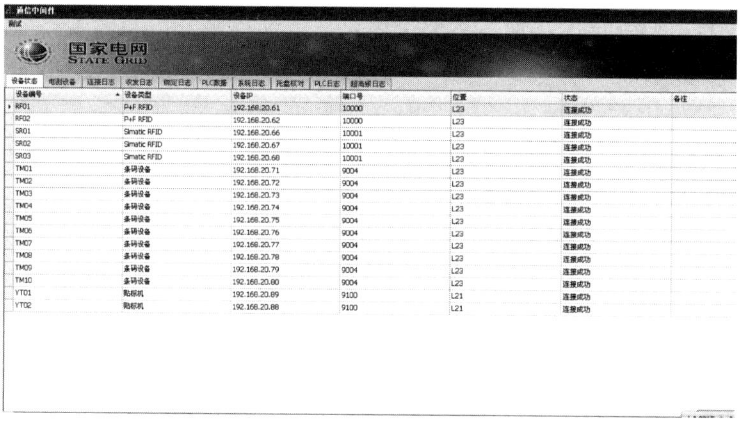

设备编号	设备类型	设备IP	端口号	位置	状态	备注
RF01	P+F RFID	192.168.20.61	10000	L23	连接成功	
RF02	P+F RFID	192.168.20.62	10000	L23	连接成功	
SR01	Simatic RFID	192.168.20.66	10001	L23	连接成功	
SR02	Simatic RFID	192.168.20.67	10001	L23	连接成功	
SR03	Simatic RFID	192.168.20.68	10001	L23	连接成功	
TM01	条码设备	192.168.20.71	9004	L23	连接成功	
TM02	条码设备	192.168.20.72	9004	L23	连接成功	
TM03	条码设备	192.168.20.73	9004	L23	连接成功	
TM04	条码设备	192.168.20.74	9004	L23	连接成功	
TM05	条码设备	192.168.20.75	9004	L23	连接成功	
TM06	条码设备	192.168.20.76	9004	L23	连接成功	
TM07	条码设备	192.168.20.77	9004	L23	连接成功	
TM08	条码设备	192.168.20.78	9004	L23	连接成功	
TM09	条码设备	192.168.20.79	9004	L23	连接成功	
TM10	条码设备	192.168.20.80	9004	L23	连接成功	
YT01	贴标机	192.168.20.89	9100	L21	连接成功	
YT02	贴标机	192.168.20.88	9100	L21	连接成功	

图 4-24　设备状态

（2）PLC 日志

PLC 日志查看线体所有 PLC 运行状态记录，如图 4-25 所示。

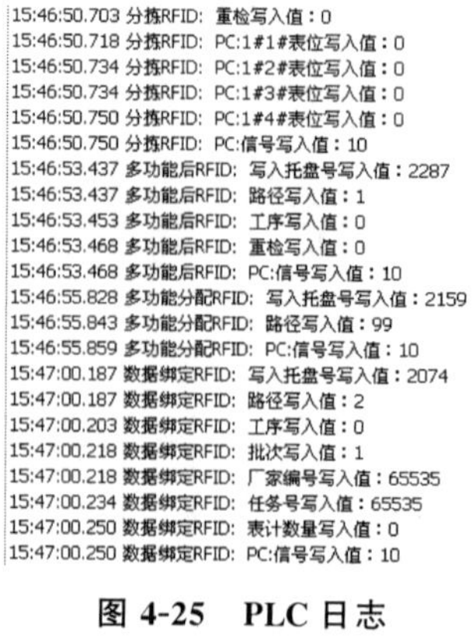

15:46:50.703 分拣RFID: 重检写入值：0
15:46:50.718 分拣RFID: PC:1#1#表位写入值：0
15:46:50.734 分拣RFID: PC:1#2#表位写入值：0
15:46:50.734 分拣RFID: PC:1#3#表位写入值：0
15:46:50.750 分拣RFID: PC:1#4#表位写入值：0
15:46:50.750 分拣RFID: PC:信号写入值：10
15:46:53.437 多功能后RFID: 写入托盘号写入值：2287
15:46:53.437 多功能后RFID: 路径写入值：1
15:46:53.453 多功能后RFID: 工序写入值：0
15:46:53.468 多功能后RFID: 重检写入值：0
15:46:53.468 多功能后RFID: PC:信号写入值：10
15:46:55.828 多功能分配RFID: 写入托盘号写入值：2159
15:46:55.843 多功能分配RFID: 路径写入值：99
15:46:55.859 多功能分配RFID: PC:信号写入值：10
15:47:00.187 数据绑定RFID: 写入托盘号写入值：2074
15:47:00.187 数据绑定RFID: 路径写入值：2
15:47:00.203 数据绑定RFID: 工序写入值：0
15:47:00.218 数据绑定RFID: 批次写入值：1
15:47:00.218 数据绑定RFID: 厂家编号写入值：65535
15:47:00.234 数据绑定RFID: 任务号写入值：65535
15:47:00.250 数据绑定RFID: 表计数量写入值：0
15:47:00.250 数据绑定RFID: PC:信号写入值：10

图 4-25　PLC 日志

（3）PLC 数据

PLC 数据记录了所有 PLC 与中间件、中间件与主控数据联系项目。可设置各功能单元控制 PLC 的值来改变设备运行状态，如图 4-26 所示。

图 4-26　PLC 数据

1）入库绑定到位设置

入库绑定若初始不成功，则 PLC 指令置 0，如果原来为 0，则先改为 9 再置 0。若确认入库绑定成功，可以将 PLC 指令改为 9 同时手动放行，如图 4-27 所示。

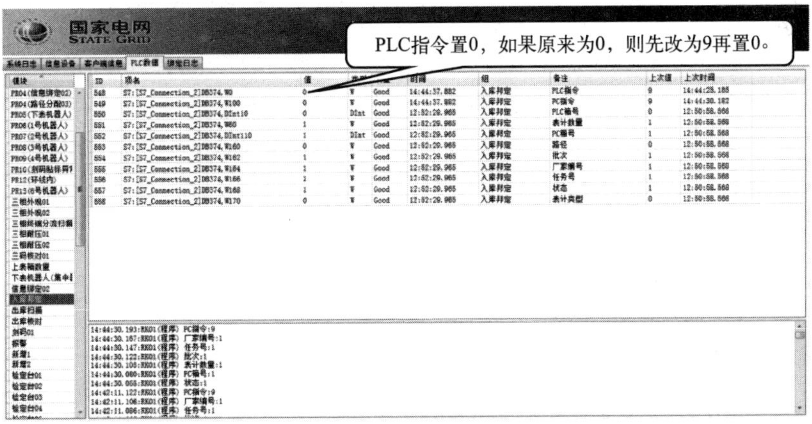

图 4-27　入库绑定到位

2）出库扫描到位设置

若出库扫描失败，设置重新到位，需将周转箱拉回光电之前重新扫描。PLC 指令置 0，如果原来为 0，则先改为 9 再置 0，如图 4-28 所示。

3）三码核对到位设置

若射频码、正面条形码、侧面条形码核对失败，设置重新到位，确认表计处于正确位置。PLC 指令置 0，如果原来为 0，则先改为 1 再置 0，如图 4-29 所示。

4）多功能检定单元到位设置

观察多功能检定单元上下表进程，若上下表未完成需要重新设置到位，将 PLC 信号值列由 8 改为 0，若上下表已完成，将 PLC 信号值列由 10 改为 0，如图 4-30 所示。

5）路径分配到位设置

若路径分配失败，重新设置到位，PLC 指令置 0，如果原来为 0，则先改为 9 再置 0，如图 4-31 所示。

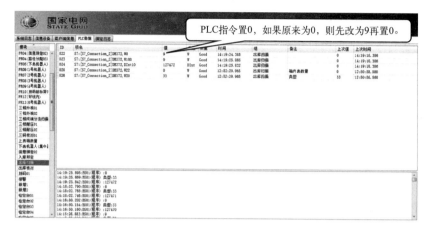

图 4-28 出库扫描到位

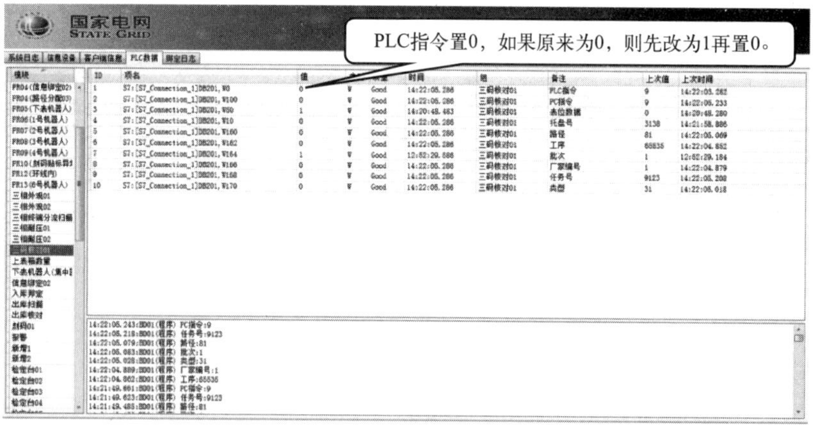

图 4-29 三码核对到位

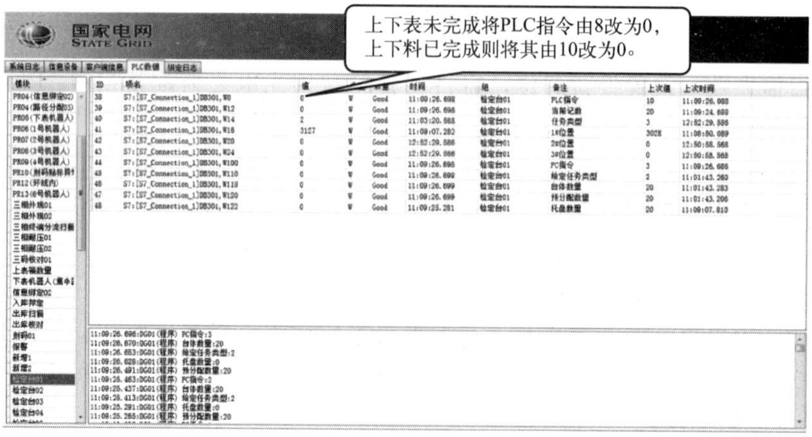

图 4-30 多功能检定单元到位

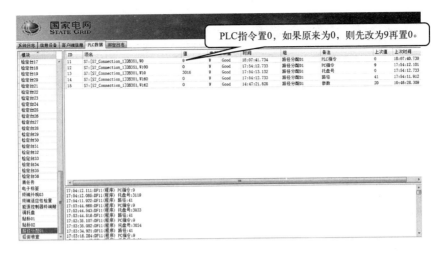

图 4-31　路径分配到位

6）耐压单元到位设置

若需重新设置到位，PLC 指令置 0，如果原来为 0，则先改为 1 再置 0，如图 4-32 所示。

7）铅封到位设置

若需重新设置到位，PLC 指令置 0，如果原来为 0，则先改为 9 再置 0，如图 4-33 所示。

8）贴标单元到位设置

若需重新设置到位，PLC 指令置 0，如果原来为 0，则先改为 9 再置 0，如图 4-34 所示。

9）外观检查到位设置

若设置重新到位，确认表计处于正确位置。PLC 指令置 0，如果原来为 0，则先改为 1 再置 0，如图 4-35 所示。

10）刻码单元到位设置。

若设置重新到位，PLC 指令置 0，如果原来为 0，则先改为 9 再置 0，如图 4-36 所示。

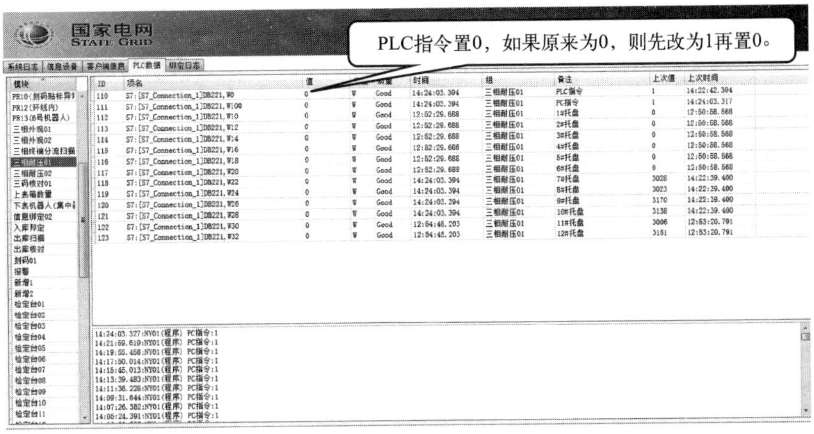

图 4-32　耐压单元到位

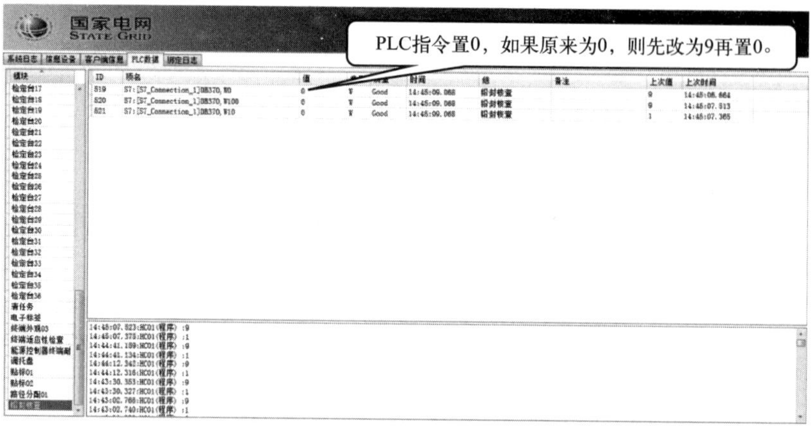

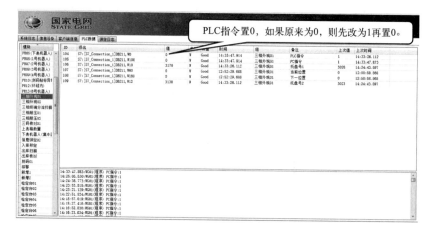

图 4-33　铅封到位

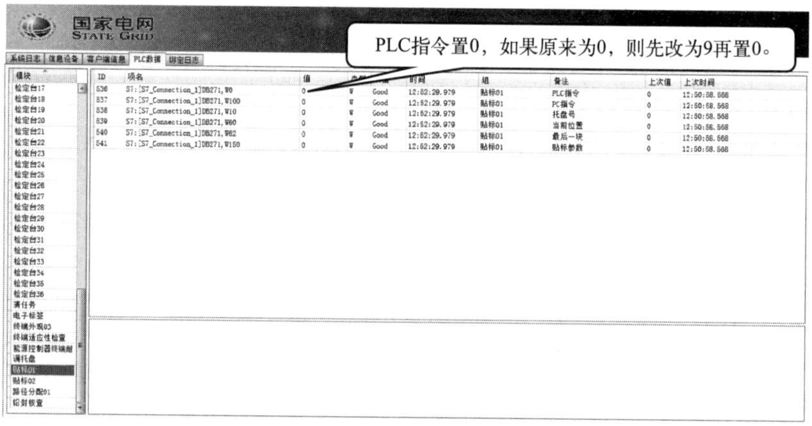

图 4-34　贴标单元到位

图 4-35　外观检查到位

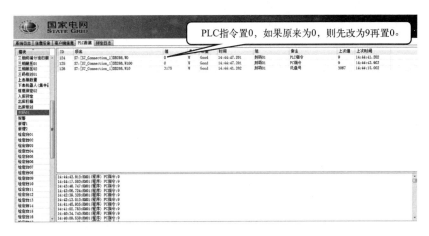

图 4-36　刻码单元到位

4.1.5　各功能单元操作

（1）耐压试验单元

耐压操作指令如图 4-37 所示。

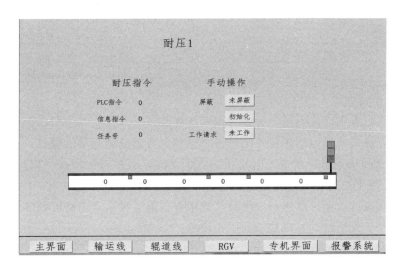

图 4-37　耐压操作指令

① 线体上六个 0 代表当前托盘号，可进行查询与修改；

② 四个小方块代表托盘的到位光电是否感应到，若感应到则显示绿色；

③ PLC 指令与信息指令：PLC 指令和信息指令是电控与信息系统交互的具体表现形式，PLC 指令等于 1 的时候，表示电控方面压接完成。信息指令等于 1 的时候，表示信息系统方面耐压试验完成；

④ 工作请求按键：电控方面向信息系统提出耐压试验的请求，一般出现在自动情况下，耐压试验未做，手动给予工作请求进行试验；

⑤ 任务号：表示当前检测表的任务号；

⑥ 初始化按键：用于耐压试验步骤的初始化操作；

⑦ 耐压屏蔽按键：人为提出表位不需进行耐压试验，人为屏蔽耐压试验功能，再次点击会取消屏蔽；

⑧ 指示灯：黄色闪烁表示正常工作中；红色常亮表示放行超时，可能卡盘等报警；绿色常亮表示耐压试验被屏蔽。

（2）外观检查单元

外观操作指令如图 4-38 所示。

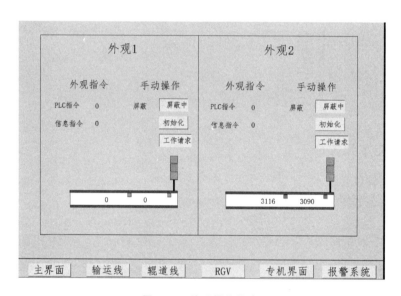

图 4-38　外观操作指令

① 线体上 0 代表当前托盘号，可进行查询与修改；

② 四个小方块代表托盘的到位光电是否感应到，若感应到则显示绿色；

③ PLC 指令和信息系统指令：PLC 指令等于 1 时，表示首次压接完成，可以进行外观检查。信息指令等于 1 时，表示检查完成；

④ 屏蔽外观按键：通过此键可以屏蔽外观检查功能且再次点击时取消屏蔽；

⑤ 工作请求：人为发送外观检查的工作请求；

⑥ 初始化：对外观检查单元进行初始化复位；

⑦ 指示灯：黄色闪烁表示正常工作中；红色常亮表示放行超时，可能卡盘等报警；绿色常亮表示外观检查单元被屏蔽。

（3）自动贴标单元

贴标操作指令如图 4-39 所示。

① 线体上 0 代表当前托盘号，可进行查询与修改；

② 两个小方块代表托盘是否到位，若到位到则显示绿色；

③ PLC 指令和信息指令：PLC 指令等于 9 时，表示贴标就绪，信息系统方面可以控制贴标机进行贴标。信息指令等于 15 时，表示将需要贴标的表位发送给 PLC。信息指令等于 14 时，表示当前表位贴标完成。信息指令等于 9 时，表示所有的表位贴标完成；

④ 手自动切换按键：此按键可以切换贴标工位处于手动状态或自动状态；

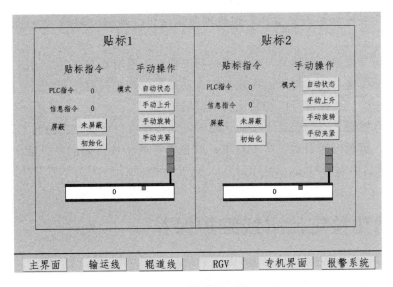

图 4-39 贴标操作指令

⑤ 屏蔽贴标按键：此按键可以屏蔽自动贴标单元，再次点击取消屏蔽；

⑥ 初始化按键：此按键可以初始化自动贴标单元；

⑦ 手动上升按键：当贴标机处于手动状态时，此按键可以手动控制气爪上升或下降；

⑧ 手动旋转按键：当贴标机处于手动状态时，此按键可以手动控制气爪旋转；

⑨ 手动夹紧按键：当贴标机处于手动状态时，此按键可以手动控制气爪夹紧或松开；

⑩ 指示灯：黄色闪烁表示正常工作中；红色常亮表示放行超时，可能卡盘等报警；绿色常亮表示屏蔽自动贴标单元。

（4）自动刻码单元

刻码操作指令如图 4-40 所示。

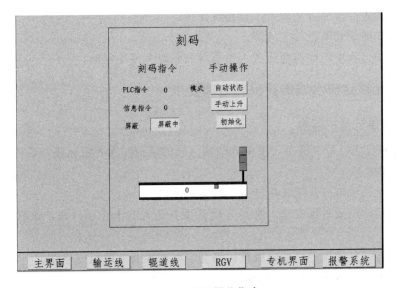

图 4-40 刻码操作指令

① 线体上 0 代表当前托盘号，可进行查询与修改；

② 小方块代表托盘是否到位，若到位则显示绿色，刻码机刻码。信息指令等于 9 时，表示刻码完成可以放行；

③ 手自动切换按键：此按键可以切换贴标工位处于手动状态或自动状态；

④ 屏蔽贴标按键：此按键可以屏蔽刻码自动刻码单元，再次点击取消屏蔽；

⑤ 初始化按键：此按键可以初始化自动刻码单元；

⑥ 手动上升按键：当刻码处于手动状态时，此按键可以手动控制顶升上升或下降；

⑦ 指示灯：黄色闪烁表示正常工作中；红色常亮表示放行超时，可能卡盘等报警；绿色常亮表示屏蔽自动刻码单元。

4.2　自动化检定流水线维护保养

4.2.1　自动化检定流水线维护保养通用要求

（1）维护人员资格与操作规定

① 非经严格培训过的专业人员禁止操作；

② 对运转中的设备进行维修时不得戴手套，不得打领带，胸前不得挂标牌；

③ 女同志长头发必须盘起；

④ 使用时严格按照操作说明操作；

⑤ 现场危险警示标示，不得违规操作；

⑥ 设备运行过程中，应避免无关人员靠近设备以免发生危险。

（2）维护保养安全规定

① 非经严格培训过的专业人员禁止操作；

② 维护时严格按照操作说明操作；

③ 现场维修需挂维修警示牌，不得违规操作；

④ 设备维护时请切断电源、气源；

⑤ 设备维护过程中，应避免无关人员靠近设备以免发生危险。

4.2.2　自动化检定流水线维护保养专项要求

4.2.2.1　输送单元维护保养

本小节针对包含皮带、链条、滚筒式的输送线的维护和保养情况进行说明。

（1）一般要求

① 不得在辊柱机辊筒及链式机链条上行走；

② 在设备启动前要确保安全，必须先确认设备是否有人正在维修，确保设备处于正常状态才能启动；

③ 必须按零部件使用寿命要求或维护周期定期更换及维护相应部件；

④ 必须定期清扫设备，保持设备清洁；

⑤ 设备操作和维护人员必须休息好、注意力集中、精力充沛；

⑥ 体质虚弱者不得操作和维护设备。

（2）维护保养

对输送单元维保分为日常性检查和定期检查两种，同时由于输送线链条等传动、滚动部件较多，需进行定期润滑。

1）日常性检查

日常性检查主要由操作人员或其他指定人员进行，具体检查情况如表 4-1 所示。

表 4-1　日常维保项

检查内容	检查标准	检查时间
光电开关是否正常	镜反式：黄、绿指示灯常亮	上电后系统未进行生产任务前
光电开关是否正常	慢反式：绿灯常亮	上电后系统未进行生产任务前
空气压缩机是否正常	气压大于 7MPa、显示屏无报警	上电后系统未进行生产任务前
磁性开光指示气缸位置是否正常	位置红色指示灯常亮	上电后系统未进行生产任务前
配电箱指示灯指示是否正常	带电指示常亮	上电后系统未进行生产任务前
系统所有急停是否打开	急停处于打开状态	上电后系统未进行生产任务前
电控系统联机后系统是否报警	系统显示待机无故障灯亮起	上电后系统未进行生产任务前
触发电磁阀动作检测	气缸根据触发变动位置，磁性开关根据位置改变亮暗	上电后系统未进行生产任务前
环境检查	环境整洁、无脱落物	每天下班前检查

2）定期检查

定期检查由指定的维护人员进行，具体检查情况如表 4-2 所示。

表 4-2　定期检查项

部件/器件	检查内容	周期
主动链轮	功能是否正常，玻璃面是否洁净	三个月
被动链轮	是否松动、磨损情况、回转时有无异常声音、振动	三个月
输送链条	任意三十节，伸长率 2% 以内，是否润滑良好，回转时有无异常声音、振动	三个月
链条张紧器	功能是否正常	三个月
摩擦离合器	功能是否正常	三个月
轴承	有无明显的弯曲和扭曲，有无破损、龟裂，无异常的声音、振动，温升是否正常	一个月
链条挡块	是否松动	三个月
光电开关支架	是否松动	一个月
光电开关	功能是否正常，玻璃面是否洁净	一个月
光电条码扫描装置	功能是否正常，玻璃面是否洁净	一个月

部件/器件	检查内容	周期
PLC/变频器	功能是否正常，有无报警，出风是否过热，是否有异味	一个月
辊道辅助输送辊筒	是否变形严重	六个月
多楔带	是否松动、磨损情况、回转时有无异常声音、振动	三个月
电磁阀	功能是否正常，安装是否牢固，进出气端是否漏气	三个月
直线轴承	有无明显的弯曲和扭曲，有无破损、龟裂，无异常的声音、振动，温升是否正常	三个月
气缸	功能是否正常，安装是否牢固，进出气端是否漏气	一个月
光电开关	功能是否正常，玻璃面是否洁净	一个月
信号灯、按钮等	功能是否正常，指示是否正常	二周
直线轴承	有无明显的弯曲和扭曲，有无破损、龟裂，无异常的声音、振动，温升是否正常	三个月
传动链条	任意三十节，伸长率2%以内，是否润滑良好，回转时有无异常声音、振动	三个月
输送皮带	是否松动、磨损情况、回转时有无异常声音、振动	三个月
电磁阀	功能是否正常，安装是否牢固，进出气端是否漏气	一个月
光电开关	功能是否正常，玻璃面是否洁净	一个月
气缸	功能是否正常，安装是否牢固，进出气端是否漏气	一个月

3）润滑

定期对滚动传动部件进行润滑，如表 4-3 所示。

表 4-3　润滑项

单元	润滑部件	周期
链式输送机	输送链条	每月
	传动链条	每月
	轴承	每月
气缸	直线气缸	每月
链式输送机	减速器	36个月换油1次

4.2.2.2　RGV 维护保养

对 RGV 维保分为日常性检查和定期检查两种。

（1）日常检查

① 启动 RGV 前需检查导轨上是否有异物，若发现请及时处理，以免损坏导轨及车轮；如图 4-41 所示。

图 4-41　RGV 导轨示意图

② RGV 上电后检查指示灯是否正常运行；

③ RGV 上表过程中检查挂表位置是否正常，下表过程中检查机械手放于托盘位置是否正常，发现异常及时进行调整。

（2）定期检查

① 每周检查 RGV 夹爪垫是否脱胶，如图 4-42 所示，若脱胶及时更换以免造成抓表错误；

图 4-42　RGV 机器人机器手

② 每周检查 RGV 运行时是否会发出噪声，一般为封板松动所致，需及时锁紧封板上的螺丝；

③ 每月检查机械手上的相机是否有松动，如图 4-43 所示，松动会导致拍照抓表位偏

移，如有发现需及时处理，然后进行抓表测试，判断是否对抓表造成影响；

图 4-43　RGV 机器人相机

④ 每季度检查 RGV 真空泵工作压力是否正常，查看减压阀上压力是否低于 0.5kg；

⑤ 每季度检查 RGV 导轮是否有松动现象，避免小车偏移位置；

⑥ 每年检查小车驱动轮安装座上螺钉是否有松动，包胶轮磨损是否严重，四个轮子是否都与导轨完全接触，如图 4-44 所示；

图 4-44　RGV 小车驱动轮

⑦ 每年用激光测量两根导轨直线度是否满足要求，每 500mm 范围内不得超过 2mm，整条直线度不得超过 6mm；

⑧ 每三年检查小车轮子轴承是否有磨损，若轴承出现噪声及时更换轴承。

4.2.2.3　上下料机器人

对上下料机器人维保分为日常性检查和定期检查两种。

（1）日常检查

① 检查气管有无破损漏气；

② 检查上下料机器人接线是否松动；

③ 检查上下料机器人吸盘海绵是否破损；

④ 检查上下料机器人运行指示灯是否正常。

（2）定期检查

① 每周检查真空吸盘吸附情况，确保吸附力完好。定期打开消音器口，在真空口接入正压力除去真空吸盘的杂质，如图 4-45 所示；

图 4-45　真空吸盘正负压切换

② 每月对机械臂动作摩擦的部分进行润滑；

③ 每月清洁真空吸盘过滤器，以免造成真空堵塞，如图 4-46 所示。

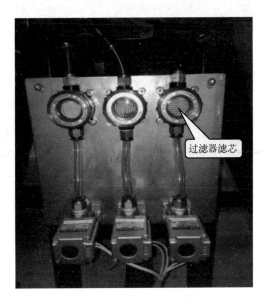

图 4-46　真空吸盘过滤器

4.2.2.4　外观检查单元

对外观检查单元维保分为日常性检查和定期检查两种。

（1）日常检查

① 检查气管有无破损漏气；

② 检查光源、相机运行状态是否正常；

③ 检查相机摄像头是否有异物遮挡，发现异物及时清理。

（2）定期检查

① 每周检查外观检查单元压接是否顺畅，表托辅助针、电流针是否有变形，如图 4-47 所示；

图 4-47　电流针外观检查

② 每季度检查相机运行参数是否设置正确，发现异常及时进行校正；

③ 每年检查外观相机与镜头之间是否有松动，如图 4-48 所示。

图 4-48　相机外观检查

4.2.2.5　耐压试验单元

对耐压试验单元维保分为日常性检查和定期检查两种。

（1）日常检查

① 检查气管有无破损漏气；

② 检查耐压试验单元安全防护罩是否完好无损；

③ 检查耐压试验单元运行过程中电压输出是否正常。

（2）定期检查

① 每周检查耐压试验单元压接是否顺畅，表托辅助针、电流针是否有变形，如图 4-49 所示；

② 由于耐压检测工作时禁止靠近，每月人工把安全防护罩翻盖掀起，检查整个测试单元是否断电，从而保护人身安全。

③ 每年检测耐压试验仪，如设备能否正常升压，测试电压是否稳定，检测运行指标是

图 4-49　耐压试验单元

否正常。

4.2.2.6　自动刻码单元

对自动刻码单元维保分为日常性检查和定期检查两种。

（1）日常检查

① 检查气管有无破损漏气；

② 检查设备清洁程度，去除刻码残余物；

③ 检查现场温湿度，由于激光刻码机内存在高压，严禁在过于潮湿的环境中使用，以免引起高压打火；

④ 检查表计刻码是否位置正确，二维码是否清晰，若异常及时对激光刻码机进行调节。

（2）定期检查

① 每月检查自动刻码单元顶升气缸是否同步，若不同步调节气缸节流阀，如图 4-50 所示；

图 4-50　激光刻码机顶升气缸

② 每季度检查激光刻码机运行参数是否设置正确，发现异常及时进行校正。

4.2.2.7 自动贴标机单元

对自动贴标单元维保分为日常性检查和定期检查两种。

（1）日常检查

① 检查气管有无破损漏气；

② 检查设备清洁程度，去除贴标残留物；

③ 检查贴标纸和碳带是否足够使用；

④ 检查表计贴标后，打印字体是否清晰，信息与表计是否一致，发现异常及时进行处理。

（2）定期检查

① 定期对贴标机机械结构进行润滑；

② 定期检查并校正自动贴标机运行参数；

③ 每月检查贴标头吸表是否正常、吸标孔是否有堵塞，如图 4-51。

图 4-51　贴标头检查

④ 每季度检查抓表旋转气缸是否旋转到位，检查旋转到位气缸调节螺钉是否松动，如图 4-52 所示。

图 4-52　抓表旋转气缸

⑤ 每季度检查贴标机运行参数是否设置正确，发现异常及时进行校正。

4.2.2.8　多功能检定单元

多功能检定单元维保分为日常性检查和定期检查两种。

（1）日常检查

① 检查表位插针是否存在弯曲、损坏、缺失等问题；

② 检查检定装置表座是否存在烧坏、损毁等问题；

③ 检查检定装置各表位运行状态指示灯是否正常；

④ 检查表计压接是否正确和牢固；

⑤ 检查工控机电脑是否存在病毒等异常情况，避免造成电脑中毒导致设备无法正常运行。

（2）定期检查

① 每月检查检定装置内部清洁状况，特别是需要清理功率源内部灰尘和风扇灰尘；

② 每年对检定装置的标准电能表、时钟源进行检测校准，确保检定结果准确可信。

第 5 章
自动化检定流水线智能运维技术

本章主要阐述自动化检定流水线智能运维系统的基本情况，首先针对自动化检定流水线智能运维系统进行总体介绍，然后针对其软件架构、应用功能设计、系统软件设计情况进行详细说明。

5.1 总体介绍

根据国家电网公司全面推进智能计量体系的总体工作安排，为彻底改变目前自动化检定流水线人工运维效率低、运维质量不稳定的弊端，充分利用自动化巡检和智能诊断技术，开展设备状态评价和智能化运维，提升生产运维质量，通过开展常态化的运维智能分析，以便及时、科学的决策，适时开展预防性维护和保养，形成管理过程中的自动化、智能化，从而提升企业竞争力。

当前自动化检定流水线急需通过技术手段将不同的自动化设备进行联网，实现设备分布式网络通讯、过程中参数集中管理、控制策略高效灵活，将设备融入整个信息化系统，彻底改变设备信息孤岛的局面，打通与外界的连接。实现对底层设备和高端设备的远程、实时的精准监控与数据自动采集。通过网络系统，可监控设备实时状态、异常情况，并进行及时预警，对部分具代表性的设备故障开展自愈性探索。

智能运维系统能够自动监控流水线的实时运行状态，实时获取各功能单元的异常情况，具备底层设备信息采集、数据纠正、故障告警等功能。同时能够监控多功能检定单元的具体检定进度。

智能运维系统为自动化检定流水线备品备件管理提供全面的技术支撑。实现对计量生产自动化系统的库存统计分析、库存预警、备品备件采购及出入库等管理。

智能运维系统为自动化检定流水线运维提供支撑功能。可设置设备的周期点巡检计划和维护保养工作计划，实现运维工作精益化、自动化、科学化开展。实现设备点巡检、故障处理及检修保养等运维作业流程化闭环管理，实现任务派工、待办查询、现场检修信息录入等。建立运维知识库，实现故障处理方案的智能匹配和推送，提升运维工作效率。

智能运维系统能够基于流水线运行数据，统计各单元生产节拍，监控各单元生产效率，进行流水线负荷率计算，从而进行产能评估。

5.2　软件架构

　　智能运维系统是自动化检定流水线的运维中心，智能运维软件从各个线体检定软件中获取设备运行状态和实时检定数据，经过分析和处理将信息通过电脑 WEB 浏览器和移动作业终端 APP 展示给用户。系统的架构图如图 5-1 所示。

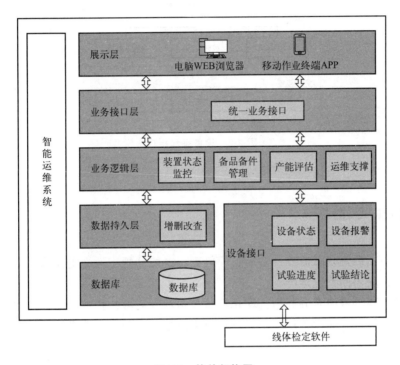

图 5-1　软件架构图

　　智能运维系统由展示层、业务接口层、业务逻辑层、数据层和设备接口层组成，其中每一层的作用如下。

　　展示层：负责人机交互，提供友好的界面，可以通过电脑 WEB 浏览器和移动作业终端 APP 查看，实时显示全部检定区域或者指定检定区域的所有工位及检测单元的异常信息、各检定单元实时运行状态和当前检测任务和被测设备信息。检测系统出现异常信息后，会进行报警推送，移动作业终端会被唤醒并播放报警声音。各单元运行状态分为三种：空闲、运行、报警，在界面上分别用绿色、黄色、红色来区分。

　　业务接口层：负责承上启下，是逻辑层对外交互的窗口。当外部系统改变时，只升级接口层不升级核心的应用层，降低系统的耦合性。

　　业务逻辑层：是整个系统的核心部分，包含设备状态监控、备品备件管理、产能评估、运维支撑等功能。除此之外，应用层还包含在线考试、用户管理、权限管理等相关支撑性的功能。

　　数据层：通过 ORM 对数据进行持久化，将备品备件信息、设备状态信息、设备运维信息、系统配置参数等保存到数据库中，带有数据缓存加速检索，并能够定期备份数据库避免数据丢失。

设备接口层：负责与线体检定软件进行交互，由配套的接口与之通讯，接收上层发过来的命令进行采集和控制。能够获取设备状态信息、设备报警信息、试验进度、试验结果。可以将应用层的命令传递给相应的设备，完成数据交互，如图 5-2 所示。

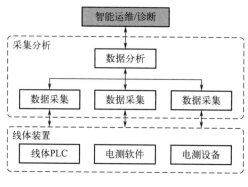

图 5-2　设备采集接口

5.3　应用功能设计

应用功能包括装置状态监控、备品备件管理、产能分析、运维支撑四大业务模块，另外还有辅助功能模块辅助系统运维。

业务模型构建过程中充分利用自动化巡检技术和智能诊断技术，结合自动化检定流水线已有数据资源，对自动化设备运行指标进行全面监控，实现预防性维护。

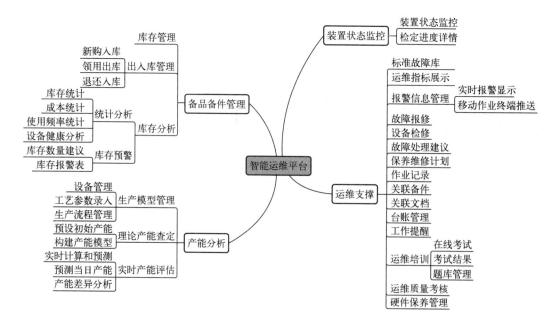

图 5-3　应用功能划分

按照组件划分，智能运维系统包括三部分：后台服务、客户端、WebService 服务。

① 后台服务，功能包括实时状态、异常信息、热力图、维护图、历史异常记录、检表状态、数据分析、监控。

② 客户端可以部署在多个台式机，包括 WEB 浏览器和移动作业终端 APP 两种展现形式，当计算出特定类型的属性发生异常状况时，调用 WebService 服务告知后端。

③ WebService 服务对内部提供异常通知接口，异常通知接口被调用时，保存异常信息到数据库，并将异常信息推送到智能运维系统。对外部提供状态通知接口，当状态通知接口被调用时，将状态信息推送到智能运维系统。

5.3.1　装置状态监控

具备多功能检定单元状态监控功能，能够展示流水线多功能检定单元的运行状态和检定进程，通过进度条方式展示目前检定项目并预估检定时长，能够对于异常停止运行的台体进行告警，能够对表计放歪、异常压接等识别并进行告警，如图 5-4 所示。

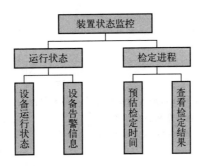

图 5-4　装置状态监控模块

监测的数据项如表 5-1 所示。

表 5-1　监测数据

设备名称	常见问题	数据采集项	数据来源
射频门	① 射频门存在设备隐患，需要通过预防性维护来降低故障率以此提高整体运行稳定性； ② 由于滑块磨损、固定螺丝松脱或者气压源压力不足，气动机械结构可能出现异常； ③ 设备自带的传感器异常，会导致设备无法正常工作； ④ 软件故障呈现出问题多样化和原因不确定性	气压	PLC
		报警信息	PLC
		检测开关位置信息	PLC
自动挂表单元	① 由于气管磨损或者气压源压力偏低，存在掉表风险； ② 机器人本体电机及传动部件存在故障隐患，需要预防性维护； ③ 控制柜温度偏高，对柜内的伺服驱动器及电子元器件运行非常不利，可能存在烧坏或者老化加速；	气压	PLC
		设备报警	PLC
		电流	PLC
		扭矩	PLC
		控制柜温度	PLC

设备名称	常见问题	数据采集项	数据来源
多功能检定单元	① 由于气管磨损或者气压源压力偏低，存在压接不可靠风险； ② 辅助端子个别弯曲和压接不牢靠，造成不合格率升高； ③ 主接线端子由于压接不牢靠，温升过高，对接表座造成损坏； ④ 表位接线测试不合格； ⑤ 有功、无功脉冲无法输出	气压	PLC
		设备报警	PLC
		端子温度	PLC
自动贴标单元	① 负压偏低或负压气孔堵塞造成负压不足，标签贴不到贴表头，导致贴标不良 ② 卡纸 ③ 标签清晰度不高	负压	PLC
		设备报警	PLC
		卡纸报警指示灯	PLC
		清晰度	PLC
		标签数量	PLC
输送单元	① 物料输送不到位或周转箱变形导致卡箱现象，造成电机电流出现异常和温度升高； ② 输送线皮带磨损严重或带入异物，导致出现震动、异响； ③ 输送线出现跑偏、打滑现象	电流	PLC
		设备报警	PLC
		转速	PLC
		温度	PLC
		震动	PLC
折堆垛机	物料输送不到位或周转箱变形或纸箱受潮导致卡箱现象，造成电机电流出现异常和温度升高	气压	PLC
		温度	PLC
		报警信息	PLC
		检测开关位置信息	PLC
IT 资源	CPU 占用率过高、内存占用率、读写速度、进程队列长度以及磁盘访问时间会影响系统的运行	CPU 利用率	服务器代理程序
		内存利用率	服务器代理程序
		I/O 读写	服务器代理程序
		进程队列长度	服务器代理程序
		磁盘访问时间	服务器代理程序

续表

设备名称	常见问题	数据采集项	数据来源
下料单元	① 下料堆垛机，出垛超时，上传数据慢； ② 不合格表打封印（软件判断问题）； ③ 运行错误； ④ 表箱验证失败，扫码失败； ⑤ 数据库上报组垛信息失败； ⑥ 表箱信息状态错误； ⑦ 堆垛机不放行，箱子与立库仍存在关系； ⑧ RFID 读取问题； ⑨ 检定信息上传失败； ⑩ 检定完成后信息保存出现错误； ⑪ 立库接口调用失败	网络情况	服务器代理程序
		软件平台错误日志	PLC
		设备报警	PLC
上料单元	① 数据上传失败； ② 网络连接不畅； ③ 机器人程序修改但未保存； ④ 资产信息下发失败	软件运行日志	PLC
		网络情况	服务器代理程序
		设备报警	PLC
		数据保存日志	PLC
		接线测试数据	PLC
		气压	PLC
		电压、电流	PLC
		设备报警	PLC
		刻码机软件运行日志	PLC
		打码机位置	PLC
外观检测单元	① 实验结束不放行； ② 实验结论全部不合格	数据保存日志	PLC
		设备报警	PLC

实际系统中装置状态监控功能模块如图 5-5、图 5-6 所示。

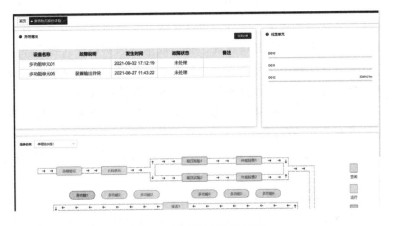

图 5-5　系统运行状态监控

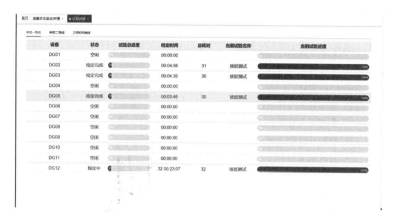

图5-6 试验进度监控

5.3.2 备品备件管理

建立备品备件管理模块，实现备品备件采购、库存、申领、出入库的综合管理，能够基于备品备件的使用频率、相关联设备的健康状况、费用成本等因素进行智能分析，定期输出备品备件库存数量建议，并对库存不足的备件进行预警，如图5-7所示。

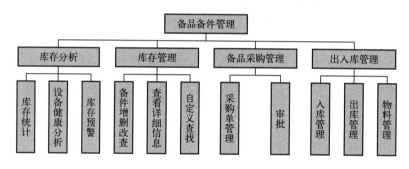

图5-7 备品备件管理模块

库存分析：库存分析包括统计分析和库存预警。统计分析实现备品备件的库存情况统计、使用情况统计、多维度费用成本统计，可在系统和移动运维终端上查看。库存预警根据备品备件的使用频率、相关联设备健康状况、费用成本等因素，建立合理库存模型，定期输出备品备件库存数量建议，输出备品备件库存预警表，并对低于库存阈值的备品备件和申购流程进行优先级评级，便于对优先级高的进入优先或紧急采购流程。

库存管理：实现对备品备件的添加、修改、删除、导出、查看详细信息等功能。按库存预警、自定义查找等查看配件信息。

备品采购管理：实现备品备件采购申请及审批流程，便于对备品备件采购进行规范管理。

出入库管理：实现备品备件新购入库、领用出库、退还入库时，系统自动生成或运维人员在系统或移动运维终端上填写相应单据，并在任务管理待办任务中形成审批任务，综合备件金额、用途等因素，经相应管理人员审批后，配件库存数和库位数等信息自动变化。

实际系统中备品备件管理模块如图 5-8～图 5-11 所示。

图 5-8　库存分析

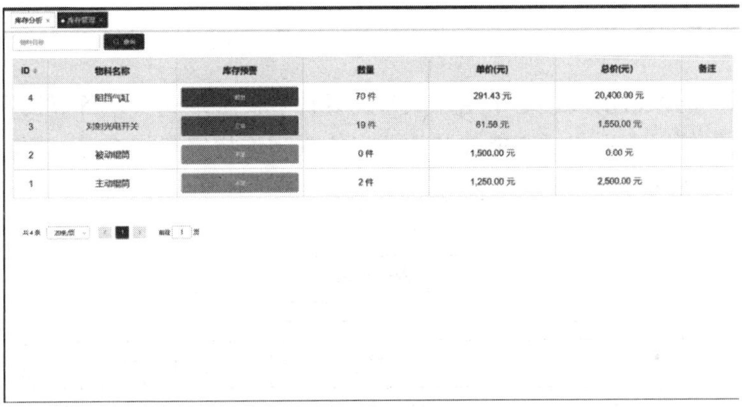

图 5-9　库存管理

图 5-10　备品采购管理

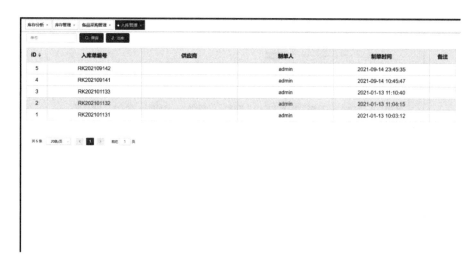

图 5-11   出入库管理

5.3.3   产能分析

建立检定线产能评估模块，基于生产线布局设计、设备组成及设备节拍、生产流程、计划安排、设备状态等因素生产线产能评估方法，实现理论检定产能查定、实时产能评估等具体功能，如图 5-12 所示。

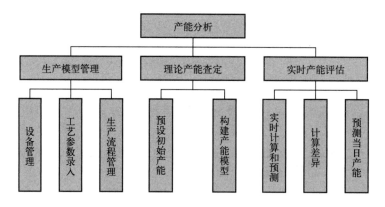

图 5-12   产能分析模块

生产模型管理：基于检定生产线布局设计，管理配置生产线设备组成、设备工艺参数、设备节拍、生产流程等。

理论产能查定：建立检定生产线产能评估初始指标体系，构建离散型生产线产能评估模型，对生产线产能进行理论产能评估。

实时产能评估：基于生产线实时运行数据，利用产能评估模型进行产能实时计算和预测，结合生产线的设计产能，计算出生产线的现实产能和产能差异。并利用历史信息和检定系统运行状态，监控数据传输速率，检测网络状态，预测当日检定产能。

实际系统中产能分析模块如图 5-13、图 5-14 所示。

图 5-13　实时产能评估

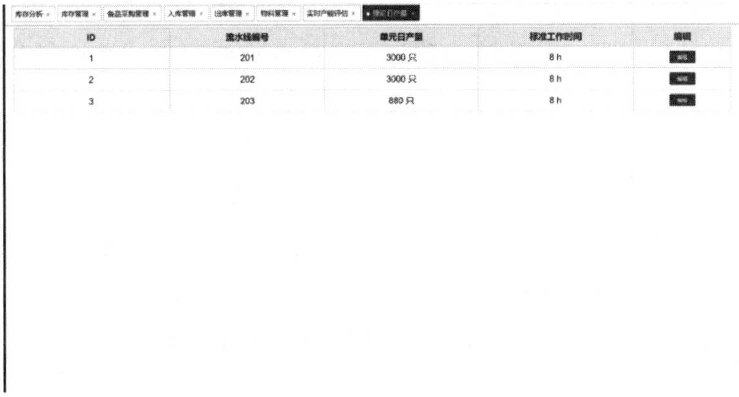

ID	流水线编号	单元日产量	标准工作时间	编辑
1	201	3000 只	8 h	编辑
2	202	3000 只	8 h	编辑
3	203	880 只	8 h	编辑

图 5-14　理论日产能

5.3.4　运维支撑

建立运维支撑功能，针对设备故障信息、巡检数据、保养、维修记录等信息进行处理及记录，进行系统的辅助决策分析，如图 5-15 所示。

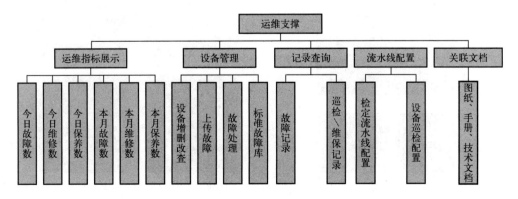

图 5-15　运维支撑模块

运维指标展示：今日故障数/完成数，今日维修计划数/完成数、本月维修计划数/完成数，今日维护保养计划数/完成数、本月维护保养计划数/完成数等。

设备管理：

① 实现对设备具体信息的增删改查，便于对设备信息进行管理。

② 故障处理：基于故障维修、检修记录和故障标准库，针对评级为低级别或常见的设备故障，自动根据故障处理方式对系统操作软件进行操作，对于不能自动恢复的故障，推送至系统展示界面，提醒运维人员干预。

③ 建立故障标准库，规范系统运行过程中报警原则、报警内容、报警处理等，统一生产自动化系统各子系统故障语义，便于运维人员对故障的理解及故障的快速处理，生产自动化系统各子系统按照统一故障标准库进行故障信息标准化和提报。

④ 根据主子设备特性，分别预设置周期性设备维护保养和检修计划系统根据时间周期，到期后自动生成维护保养和检修任务单。

记录查询：集中展示设备的故障报修记录、设备检修记录、维护保养记录以及处理详情。

流水线配置：提供基于设备档案的一站式管理。其中设备档案管理支持设备级联管理，即主子设备管理。例如挂表机器人设备台账可划分为主设备和子设备，主设备为挂表机器人，子设备为机械手、机械臂、底座、电控控制系统。方便针对不同子设备开展精准个性化的巡检、报修、检修、维护和保养工作。

关联文档：实现对设备图纸、技术文档、使用手册等文档的上传和查看，便于运维、保养时查看。

实际系统中运维支撑功能如图 5-16～图 5-21 所示。

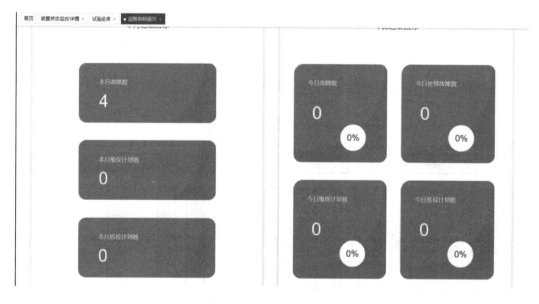

图 5-16　运维指标展示

单元/部件/器件	型号/版本号	巡检周期(h)	巡检已执行	维保周期(D/M/Y)	维保已执行	生产厂家	使用寿命(h)	负责人	故障时长	故障次数	故障处理	巡检/维保	编辑
单相检定流水线1	201								0	0			
箱表绑定单元	XBBD	4h		1D			50000	运维人员	0	0			
上料单元	SL	4h		1D			50000	运维人员	0	0			
箱表验证单元	XBYZ	4h		1D			50000	运维人员	0	0			
耐压试验单元1	NY01	4h		1D			50000	运维人员	0	0			
耐压试验单元2	NY02	4h		1D			50000	运维人员	0	0			
外观检查单元1	WG01	4h		1D			50000	运维人员	0	0			
外观检查单元2	WG02	4h		1D			50000	运维人员	0	0			
刻码单元	KM	4h		1D			50000	运维人员	0	0			
贴标单元	TB	4h		1D			50000	运维人员	0	0			
多功能单元0	[illegible]	[illegible]		[illegible]			[illegible]	[illegible]	[illegible]	[illegible]			

图 5-17　设备管理

ID	设备名称	设备标识	现象	原因	解决方式	编辑
2	箱表验证单元	XBYZ	警示灯亮红灯，表箱无法通过	一般为扫码头扫描箱条码失败所致	中间件系统触发重新扫描，若仍无法通过，更改箱条码位置或手动微调扫码头位置重新扫描	
3	箱表验证单元	XBYZ	表计无资产信息，从异常口排出	网络传输延迟	待表计信息传输完成后重新通过该单元，若任务着急联系仓储运维人员手动发送表计信息	
4	上料单元	SL	机械手抓表或放表位置不正，机械手报警	表箱内壳规格不标准，一般为内壳过小或变形导致在箱子中位置不固定	手动恢复表计位置，重启上下料机械手	
5	下料单元	XL	机械手抓表或放表位置不正，机械手报警	表箱内壳规格不标准，一般为内壳过小或变形导致在箱子中位置不固定	手动恢复表计位置，重启上下料机械手	
6	耐压试验单元1	NY01	耐压台报警	一般与控制系统连接中断所致	与控制系统重新连接，重启耐压检定单元	
7	多功能单元11	DG11	表计压接不到位数量超过预设值，台体检定暂停	一般为表与插针接触不好或者表计放歪未压接所致	调整表位压接，重新发出检定命令。	
8	多功能单元11	DG11	检定完成台体个别未松开压接	表位故障	联系台体运维人员处理	
9	多功能单元11	DG11	台体连接加密机卡顿或失败	网络连接异常	网络恢复正常后可正常连接，若仍异常，重启加密机服务器	
10	挂表单元1	GB01	台体机械手停止工作，亮红灯报警	一般为机械手抓表位置不对、机械手相[illegible]	联系流水线运维人员调试机械手	

图 5-18　标准故障库

设备编号	设备名称	故障发生时间	故障修复时间	发生故障	故障原因	处理	故障状态
DG01	多功能单元01	2021-09-02 17:12:19					未处理
DG05	多功能单元05	2021-08-27 11:43:22		装置输出异常			未处理
DG03	多功能单元03	2021-08-20 17:27:31		不合格数目超过设置的个数			已处理
DG10	多功能单元10	2021-08-20 14:49:58	2021-08-20 16:36:56	不合格数目超过设置的个数			已处理
SL	上料单元	2021-08-20 09:09:56	2021-08-20 16:36:56				已处理
XBYZ	箱表验证单元	2021-08-20 09:09:56	2021-08-20 16:36:56				已处理
KM	刻码单元	2021-08-20 09:09:55	2021-08-20 16:36:56				已处理
TB	贴标单元	2021-08-20 09:09:54	2021-08-20 16:36:56				已处理
WG02	外观检查单元2	2021-08-20 09:09:54	2021-08-20 16:36:56				已处理
WG01	外观检查单元1	2021-08-20 09:09:54	2021-08-20 16:36:56				已处理

图 5-19　故障记录

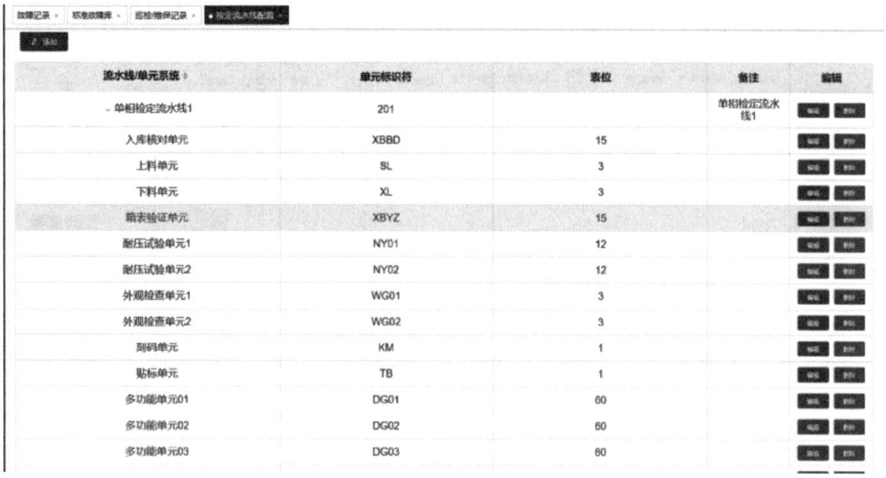

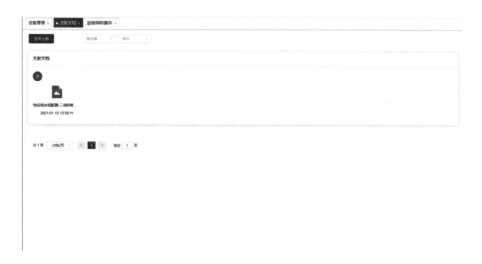

图 5-20　检定流水线配置

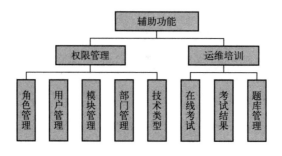

图 5-21　关联文档

5.3.5　辅助功能

除了具体业务功能外，管理软件还有权限管理、运维培训等辅助功能，如图 5-22 所示。

```
                    辅助功能
          ┌───────────┴───────────┐
       权限管理                  运维培训
    ┌──┬──┬──┬──┬──┐        ┌────┬────┬────┐
  角色 用户 模块 部门 技术     在线  考试  题库
  管理 管理 管理 管理 类型     考试  结果  管理
```

图 5-22　辅助功能模块

权限管理：对各级部门组织、操作员账号，通过系统权限管理平台实现集中设置与管理，从用户和角色管理、模块管理、部门管理等方面进行权限管理控制。

（1）用户和角色管理

根据系统的业务特点和管理需要，制定不同的用户角色，根据各部门的组织结构建立用户和用户关系，通过授权程序进行功能和数据授权。

提供统一的授权程序，系统中的所有应用功能和数据都纳入授权范围，提供统一授权或分层授权的功能，加强系统访问的安全管理。

（2）模块管理

配置不同模块的图标、路径和子路径等基本信息。

（3）部门管理

设定用户所属运维部门，便于对用户开展管理。

运维培训：针对运维人员进行运维知识培训考试，使得运维人员具备与职责相匹配的知识水平，保障现场运维能够顺利开展。

实际系统中辅助功能模块如图 5-23、图 5-24 所示。

图 5-23　权限管理

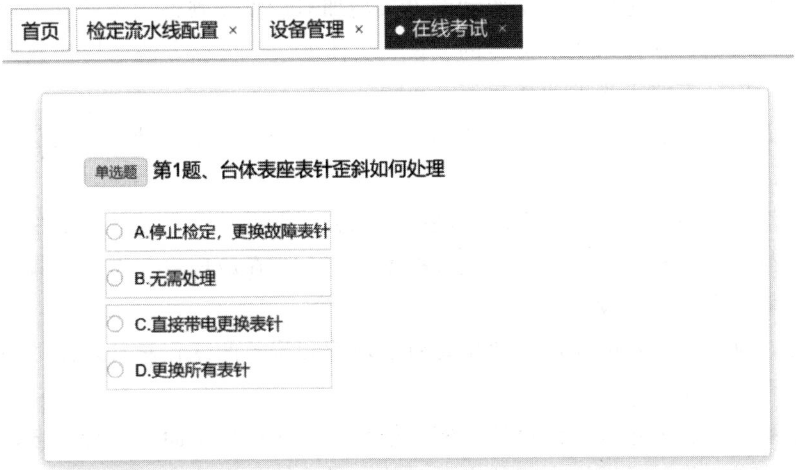

图 5-24　在线考试

5.4　系统软件设计

5.4.1　设计原则

　　智能运维系统软件设计上始终秉持面向服务、层次分离的思想，并将系统对高可靠性、高扩展性、高灵活性和低耦合性的原则贯彻始终。

　　（1）面向服务

　　智能运维系统通过服务整合应用逻辑，提高系统的数据协调能力，有效地降低数据存取负载，同时通过负载均衡的方式提高系统扩展能力。

　　界面、逻辑、数据和控制相分离的层次结构，通过规划系统服务和应用服务，使系统的人机界面部分与应用逻辑和数据存储相分离，减低了相互之间的影响，提高了系统的适应性。

　　通过规划资源管理子系统，对管理层面与控制层面进行连接和缓冲，将各层面的变更尽可能消除在各自的层面之中，减低对其它层面的影响。

　　（2）高可靠性

　　智能运维系统在各个层面都采用了并行等技术手段来保证系统的高可靠性，同时在应用层面规划了多种应急保障措施来避免灾难的发生，保障软件系统稳定运行。

　　在设备访问层面，软件采用了高并发低延迟的通讯框架，框架成熟稳定已在多个项目中投产使用，可以在多线程并发的情况下长时间稳定运行。

　　在数据访问层面，软件采用哈希字典、数据缓存等方式，可以快速检索内存数据，保证数据之间的传递高效可靠。

　　（3）高扩展性

　　系统在设备控制层面、数据访问层面和应用层面上都规划设计了很强的扩展能力。

　　在设备控制层面，通过增加设备驱动的方式增加对新型软硬件设备的支持能力。

　　在数据访问层面，软件采用了流行的 ORM 实体框架，可以方便地切换数据库，能够快速映射数据表结构，方便未来的业务扩充。

　　在应用层面上，通过增加应用服务器的方式提高系统在应用处理上的负载能力。

　　（4）高灵活性

　　通过采用消息中间件技术，使系统在网络通讯、部署上具备很高的灵活性。

　　通过界面与代码分离、动态界面生成等技术，使系统在应用界面设计上具备极高的灵活性，并且可以随需进行界面设计。

　　通过插件、脚本等技术的应用，使系统对于环境和需求的变化具备很高的适应能力。

　　（5）低耦合性

　　智能运维系统通过服务接口的设计，使各子系统只在接口层面上进行耦合，完全屏蔽了子系统内部的关联，将各子系统内部的变更对其它子系统的影响降到最低。

　　通过规划独立的事件服务，将各子系统绑定到一个简单、稳定的服务上，进一步削减了各子系统之间的耦合度。

5.4.2 软件接口设计

接口采用 WebService、WebService＋中间库及中间库三种接口模式，接口交互信息记录在中间库日志表中。

接口设计原则符合共享性、安全性、可扩充性、兼容性和统一性的要求，对同类系统统一接口规范；

系统接口的方式包括：SOAP（WebService）或 Socket 通信等，数据通信采用 XML 标准语言格式，同时要求对传输数据进行加密。其中与计量生产管理平台通信方式可按业务类型采用 WebService、WebService＋中间库和中间库三种接口方式，下层控制系统内部可采用 Socket 通信；

WebService 调用满足以下要求。

接口调用时需要用日志号获取函数获取存储日志号，作为接口调用日志的唯一标识。

写入中间库需要用操作号获取函数获取操作标识，作为中间库业务交互数据的唯一标识。

每个接口调用超时时间为 30s。

（1）Webservice 模式

Webservice 模式用于实时交互并且数据量不大的场景。

（2）Webservice＋中间库模式

Webservice＋中间库模式用于实时交互并且数据量较大的场景，其接口交互流程如图 5-25 所示。

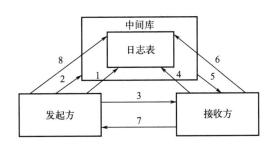

图 5-25　WebService＋中间库接口交互流程图

具体流程如下。

① 发起方调用日志号获取函数获取存储日志号，并调用存储接口将日志写到中间库日志表中；

② 发起方将需要的数据存储到中间库表中；

③ 发起方调用接口向接收方发送数据；

④ 接收方收到数据后调用日志号获取函数获取存储日志号，调用存储接口将日志写到中间库日志表中；

⑤ 接收方从中间库获取数据并进行业务处理；

⑥ 业务处理结束，接收方调用日志号获取函数获取存储日志号，并调用更新日志接口将日志更新到中间库日志表中；

⑦ 接收方向发起方回馈结果；

⑧ 发送方收到回馈结果后，调用日志号获取函数获取存储日志号，并调用更新日志接口将日志写到中间库日志表中。

（3）中间库模式

中间库模式主要用于大量数据交互定时交互的场景，接口交互流程如图 5-26 所示。

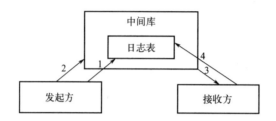

图 5-26   中间库模式接口交互流程图

① 发起方调用日志号获取函数获取存储日志号，并调用存储接口（SaveLog）将日志写到中间库日志表中；

② 发起方将需要的数据存储到中间库表中；

③ 接收方从中间库获取数据，并进行业务处理；

④ 接收方调用日志号获取函数获取存储日志号，调用存储接口将日志写到中间库日志表中。

5.4.3 软件性能指标

（1）系统响应指标

① 常规操作响应时间小于 10s；

② 设置操作响应时间小于 15s；

③ 90％界面切换响应时间不大于 1s，其余不大于 3s；

④ 在线热备用双机自动切换及功能恢复的时间小于 30s。

（2）系统可靠性指标

① 控制正确率不小于 99.99％；

② 系统年可用率不小于 99.5％；

③ 系统故障恢复时间不大于 2h；

④ 保证 7×24 小时不间断稳定运行；

⑤ 软件系统具备手动或自动恢复措施；

⑥ 数据交互准确率为 100％。

（3）设备负荷率及容量指标

① 在任意 30min 内，各服务器 CPU 的平均负荷率不大于 35％；

② 在任意 30 分钟内，各工作站 CPU 的平均负荷率不大于 35％；

③ 检定数据备份、存储运行维护日志等数据在线存储不小于 6 个月。

第6章

自动化检定流水线故障表位识别技术

在自动化检定流水线的检定过程中，智能电能表绝大多数检定项目在多功能检定单元的各个表位开展测试，检定表位的准确性直接决定智能电能表的检定结果准确性，因此对自动化流水线检定表位开展故障分析，判别异常表位并进行维修，对检定工作具有重要的意义。

检定结果中主要为基本误差，基本误差除了能反映智能电能表的质量，在一定程度也反映了表位的状态，比如表位长期带电运行会加速接线端子表面材料的氧化速度，导致端子锈蚀，这会直接影响误差试验结果，进而影响智能电能表的检定质量。这与接线端子变形能直观看出表位故障不同，无法从基本误差数据直观得出表位是否存在故障，因此要利用异常检测方法进行分析。

本章首先介绍了异常检测常见的方法，接着基于基本误差数据，提出一种潜在故障表位的识别方法。

6.1 异常检测方法

异常检测就是检测数据中不符合行为的异常数据，根据研究应用的领域不同，异常数据可以称之为离群点、污点、不一致点。近年来，异常检测在很多领域都得到应用，例如网络入侵检测、故障诊断、疾病检测、身份识别、欺诈检测等。

异常检测问题可以大致归为两类：一类是对结构化数据进行异常检测。对结构化数据进行异常检测的核心思想就是找到与正常数据差异大的点，通常把这个点称为离群点，但对结构化数据进行异常检测通常面临的问题就是如何定义边界来区分正常点和异常点；另一类是对非结构化数据的异常检测。常见的图像识别，通过对图像的检测，识别出异常点。但是，对于异常的定义没有标准答案，通常根据具体情况而异。采用异常检测通常有两个标准。

① 异常数据跟样本中大多数数据不一样，存在差异性大。

② 异常数据在总体数据样本中所占的比例小。

由于训练的数据集存在不同，根据训练集的不同，异常检测大致分为三类。

（1）全监督异常检测（Supervised Anomaly Detection）

全监督异常检测就是训练的数据集都被标签化，分别标记成正常和异常。全监督检测算法根据训练集中的标签进行训练，得到网络模型，在测试阶段，通过对网络模型输入未知类别的样本测试，得到输出结果。在现实的实践中，由于标记样本是个复杂的过程，因此，全监督异常检测的应用范围很窄。

（2）半监督异常检测（Semi-Supervised Anomaly Detection）

半监督异常检测只是对数据集中正常的样本进行标签化，然后通过训练被标签化的正常样本，得到"正常"模型，将数据样本与"正常"模型的偏差定义为异常度，如果当异常度大于设定的阈值，最终的输出结果将是异常，相反，如果异常度小于设定的阈值，输出结果将是正常。半监督异常检测面临着和全监督异常检测一样的问题，都需要标签化的样本，因此在实际中应用并不广泛。

（3）无监督异常检测（Unsupervised Anomaly Detection）

无监督异常检测的数据集没有任何的标签，无监督异常检测的数据集包含正常数据和异常数据，通常情况下，正常的数据要比异常数据多。无监督异常检测通过训练正常的数据集，得到网络模型，并得到一个异常分类分数，当将测试数据输入到网络模型中，也会得到一个分数，通过比较，如果测试数据得到的分数大于异常分类分数时，则测试数据的输出结果为异常，反之则为正常。在实际生产中，通常正常的数据要远远大于异常数据，而且无监督异常检测不需要对数据集进行标签化，所以无监督异常检测应用最为广泛。

在具体算法层面异常检测算法的基本思想是：用正常的数据去训练模型，得到阈值，然后再去判断新的数据是否异常。常见的三种异常检测算法为基于概率统计、基于聚类、基于最近邻的算法。

6.1.1　基于概率统计的算法

基于概率统计的异常检测算法通常分为两步，第一步假设数据服从一定的分布，如正态分布、泊松分布；第二步是计算每个点属于这个分布的概率，最后得出该点是否异常。一般情况下根据估计参数的方法来确定分布模型，利用数据集的数据去估计，得到一个估计的模型。通常在一元正态分布异常检测时，常常利用 3σ 原则。

3σ 准则又称为拉依达准则，它是先假设一组检测数据只含有随机误差，对其进行计算处理得到标准偏差，按一定概率确定一个区间，认为凡超过这个区间的误差，就不属于随机误差而是粗大误差，含有该误差的数据应予以剔除。

3σ 准则是建立在正态分布的等精度重复测量基础上，而造成奇异数据的干扰或噪声难以满足正态分布。如果一组测量数据中某个测量值的残余误差的绝对值 大于 3σ，则该测量值为坏值，应剔除。通常把等于 $\pm3\sigma$ 的误差作为极限误差，对于正态分布的随机误差，落在 $\pm3\sigma$ 以外的概率只有 0.27%，它在有限次测量中发生的可能性很小，故存在 3σ 准则。

3σ 准则是最常用也是最简单的粗大误差判别准则，它一般应用于测量次数充分多（$n\geqslant$ 30）或当 $n>10$ 做粗略判别时的情况。

多元正态分布中，常用的是基于协方差矩阵的马氏（Mahalanobis）距离。

马氏距离表示数据的协方差距离，是一种有效计算两个未知样本即相似度的方法。马氏距离考虑了样本各种特征之间的联系（例如一条关于身高的信息会带来关于体重的信息，两者之间具有关联性），并且独立于测量尺度。

马氏距离定义为两个服从同一分布并且其协方差矩阵为 S 的随机变量之间的差异程度。假设有 M 个样本 $X_1 \sim X_m$，协方差矩阵 S，则向量 X_i 与向量 X_j 之间的马氏距离计算公式为：

$$D(X_i, X_j) = \sqrt{(X_i - X_j)^{\mathrm{T}} S^{-1} (X_i - X_j)}$$

从该定义公式可以明显看出，当协方差矩阵 S 为单位矩阵时（各个样本向量之间独立同分布），此时的马氏距离就变成了欧式距离。若协方差矩阵是对角矩阵，马氏距离就成了标准化欧式距离。

马氏距离不受量纲的影响，两个样本之间的马氏距离与原始数据的测量单位无关，而且能排除变量（样本）之间相关性的干扰。但马氏距离的计算是建立在总体样本的基础上，即如果拿同样的两个样本放入不同的总体中，计算得出的样本间的马氏距离通常是不同的。同时在计算马氏距离的时候要考虑协方差矩阵是否可逆，而且协方差矩阵会使马氏距离计算不稳定。

基于概率统计的异常检测算法对于模型的选择十分关键，选择了错误的模型，检测对象就很可能被错误地判为异常点。

6.1.2　基于聚类的算法

聚类分析（clustering analysis）是指将紧密相关的数据归分到同一簇的过程。基于聚类的异常检测方法将数据归分到不同的簇中，异常数据则是那些不属于任何一簇或者远离簇中心的数据。根据聚类算法的不同，可将基于聚类的异常检测分为层次聚类、基于距离聚类、基于密度聚类以及基于网格聚类的异常检测。

以经典的基于距离聚类的 K-means 算法为例，算法思想大致为：先从样本集中随机选取 k 个样本作为簇中心，并计算所有样本与这 k 个簇中心的距离，对于每个样本，将其划分到与其距离最近的簇中心所在的簇中，对于新的簇计算各个簇的新的簇中心。重复上述计算，直到簇中心点不再变化。

具体计算流程如下。

输入是样本集 $D = \{x_1, x_2, \cdots, x_m\}$，聚类的簇树 k，最大迭代次数 N，输出是簇划分 $C = \{C_1, C_2, \cdots, C_k\}$。

（1）从数据集 D 中随机选择 k 个样本作为初始的 k 个质心向量：$\mu = \{\mu_1, \mu_2, \cdots, \mu_k\}$

（2）对于 $n = 1, 2, \ldots, N$，计算如下：

① 将簇划分 C 初始化为 $C_t = \varnothing$，$t = 1, 2, \ldots, k$。

② 对于 $i = 1, 2 \ldots, m$，计算样本 x_i 和各个质心向量 $\mu_j (j = 1, 2, \cdots, k)$ 的距离：$d_{ij} = \| x_i - \mu_j \|^2$，将 x_i 标记最小的为 d_{ij} 所对应的类别 λ_i。此时更新 $C_{\lambda_i} = C_{\lambda_i} \bigcup \{x_i\}$。

③ 对于 $j = 1, 2, \ldots, k$，对 C_j 中所有的样本点重新计算新的质心 $\mu_j = \frac{1}{|C_j|} \sum_{x \in C_j} x$。

④ 如果所有的 k 个质心向量都没有发生变化，则转到步骤（3）。

（3）输出簇划分 $C = \{C_1, C_2, \cdots, C_k\}$。

簇个数 k 的选择对 K-means 算法非常重要，而轮廓系数法（silhouette _ score）可用来选择最优 k 值，该方法可评估聚类效果，轮廓系数计算公式如下：

$$S = \frac{1}{N} \sum_{i=1}^{N} \frac{b_i - a_i}{\max\{a_i, b_i\}}$$

式中，S 为轮廓系数；a_i 表示样本点 i 与同一簇中所有其他点的平均距离，即簇内相似度；b_i 表示样本点 i 与下一个最近簇中所有点的平均距离，即簇间相似度；N 为样本点的个数。

K-means 追求的是对于每个簇而言，其簇内差异小，而簇外差异大，轮廓系数 S 正是描述簇内外差异的关键指标。由公式可知，S 取值范围为（-1，1），当 S 越接近于 1，聚类效果越好，越接近 -1，聚类效果越差。

K-means 算法简单、容易实现，算法速度很快，而且当簇是密集的、球状或团状的，且簇与簇之间区别明显时，聚类效果较好。但该算法分类的数目选择很关键，不合适的 k 可能返回较差的结果。同时其对初值的簇心值敏感，对于不同的初始值，可能会导致不同的聚类结果。

6.1.3　基于最近邻的算法

基于最近邻的异常检测算法通常根据近邻度分为全局近邻和局部近邻，在全局近邻异常检测算法中常见的是基于距离的异常检测算法，局部近邻异常检测算法中常见是基于密度的异常检测算法。

基于距离的异常检测算法主要应用于全局近邻，常用的算法是 K-最近邻（K-nearest neighbor，KNN）算法，KNN 算法主要思想是异常点距离正常点的距离比较远。KNN 算法其原理对于每个数据点，通过找到 k 个最近的邻居，然后根据 k 个最近的邻居计算异常分数。计算异常分数的方法主要有两种：一是使用第 k 个最近的距离（简称 K-近邻距离）；二是计算所有的 k 个距离，然后求出平均距离（简称平均距离）。通常在实际中方法二的应用程度比较高。

KNN 算法基本步骤如下：

① 计算已知类别数据集中的点与当前点之间的距离（常见的距离度量有欧式距离、马氏距离等）；

② 按照距离递增次序排序；

③ 选取与当前点距离最小的 k 个点；

④ 计算 k 个点的平均距离；

⑤ 对所有数据点重复上述步骤①～④，根据最终计算结果判定异常点。

KNN 算法理论简单，易于理解，无需参数估计，但是计算量大，空间开销大，因为对每一个样本点都要计算它到全体已知样本的距离，才能求得它的 k 个最近邻点。而且 k 的选择对最终判定结果也有影响，不合适的 k 值会导致较差的结果。

基于密度异常检测算法是为了解决数据集存在分布不均匀造成分割的阈值难以确定这一问题提出的，基于密度的异常检测算法是根据样本点的局部密度信息去判断是否异常，常见的基于密度的异常检测算法是 LOF（Local Outlier Factor）。

LOF 算法主要思想是：针对给定的数据集，对其中的任意一个数据点，如果在其局部邻域内的点都很密集，那么认为此数据点为正常数据点，而离群点则是距离正常数据点最近邻的点都比较远的数据点。通常由阈值界定距离的远近。在 LOF 方法中，通过给每个数据点都分配一个依赖于邻域密度的离群因子 LOF，进而判断该数据点是否为离群点。

LOF 计算较为复杂，相关定义和计算公式如下：

① d（p，o）：两点 p 和 o 之间的距离；

② 点 p 的第 k 距离 $d_{k(p)}$ 定义如下：

$d_{k(p)} = d_{(p,o)}$，并且满足：

- 在集合中至少有不包括 p 在内的 k 个点 $o' \in C\ \{x \neq p\}$，满足 $d_{(p,o')} \leqslant d_{(p,o)}$；
- 在集合中最多有不包括 p 在内的 $k-1$ 个点 $o' \in C\ \{x \neq p\}$，满足 $d_{(p,o')} < d_{(p,o)}$。

③ 点 p 的第 k 距离邻域 $N_{k(p)}$，就是 p 的第 k 距离及以内的所有点，包括第 k 距离，因此 p 的第 k 邻域点的个数 $|N_{k(p)}| \geqslant k$。

④ 点 o 到点 p 的第 k 可达距离定义为：

$$\text{reach-distance}_k\ (p,o) = \max\ \{k-\text{distance}\ (o),\ d_{(p,o)}\ \}$$

该式表达的意思是点 o 到点 p 的第 k 可达距离，至少是 o 的第 k 距离，或者为 o、p 间的真实距离。

⑤ 点 p 的局部可达密度表示为：

$$lrd_k(p) = 1 / \left(\frac{\sum_{o \in N_k(p)} \text{reach} - dist_k(p,o)}{|N_k(p)|} \right)$$

⑥ 点 p 的局部离群因子表示为：

$$LOF_k(p) = \frac{\sum_{o \in N_k(p)} \dfrac{lrd_k(o)}{lrd_k(p)}}{|N_k(p)|} = \frac{\sum_{o \in N_k(p)} lrd_k(o)}{|N_k(p)|} / lrd_k(p)$$

该式表示点 p 的邻域点 $N_{k(p)}$ 的局部可达密度与点 p 的局部可达密度之比的平均数。

如果这个比值越接近 1，说明 p 的邻域点密度差不多，p 可能和邻域同属一簇；如果这个比值越小于 1，说明 p 的密度高于其邻域点密度，p 为密集点；如果这个比值越大于 1，说明 p 的密度小于其邻域点密度，p 越可能是异常点。

LOF 算法适合于对不同密度的数据的异常检测，但其计算复杂度较高，而且要求检测的数据必须有明显的密度差异。

6.2　故障表位识别方法

当前通过定期维护检修方式检查检定单元表位故障情况，比如接线端子弯曲、表座击穿等故障情况。而通过利用检定数据进行故障表位判别分析，基本方法是如果该表位检定结果持续不合格或者检定结果与其他表位有明显差异，可以判定为故障表位，但是如果表位存在潜在异常情况，无法从检定结果直观得出，需要进一步开展研究。

利用基本误差数据进行故障表位研究分析，通过分析研究异常检测方法，基于聚类的异常检测算法通常速度快，但算法效果很大程度比较依赖聚类效果，而且聚类个数的选取对异常值的判定影响很大，不选取该类方法进行研究。基于最近邻算法无需假设数据分布，但是其作为有监督学习方法，要求数据有异常标签值，而表位检定数据只有检定项目结果，无标签值，该方法同样不适用。而基于概率统计异常检测算法检测效果鲁棒性高，由于其对分布模型依赖度高，可针对检定数据进行分布模型研究。

以统计学为切入点进行分析，待测试的智能电能表可看作独立同分布变量，随机均匀分配到台体各表位进行检测，因此每个表位检测的智能电能表也是独立同分布，因此其基本误差数据也可看作独立同分布，统计每个表位出现的基本误差值，设其为变量 X（X_1，X_2，…，X_n），由 JJG 596—2012《电子式电能表检定规程》可知，误差值具有上下限，存在有限的数学期望和方差，由中心极限定理可知，当表位检测样本 n 足够大时，随机变量 X 近似服从于正态分布（$n\mu$，$n\sigma^2$）。同时当样本 n 足够大时，台体每个表位分配的智能电能表总体分布也是相同的，因此台体所有表位基本误差值分布均近似服从于正态分布（$n\mu$，$n\sigma^2$）。

根据上述理论，当台体检定电能表足够多时，各表位出现基本误差不同值的分布应该大体相同。

因此提出如下思路检测故障表位。

如果表位中某个基本误差值的出现频率越高，而在台体其他表位中出现的频率越低，认为该表位检测与其他表位相比具有差异性。

同时每个表位检定电能表会出现多个基本误差值，如果只是某个基本误差值具有表位差异性，无法排除偶然性。因此以上述思路计算表位的所有基本误差值，作为该表位的检测特征向量，再与其他表位的检测特征做相似度分析，最终判别故障表位。

基于上述故障表位检测思路，提出计算表位的频率-对数逆次数值，具体如下。

计算台体每个表位检测结果中不同基本误差值的频率 DF（Data Frequency）；

$$DF = \frac{n_{ti}}{n_t}$$

式中，n_{ti} 为表位基本误差值 t_i 出现的次数；n_t 为表位基本误差值的总个数。

定义对数逆次序 $LIPF$（Log Inverse Position Frequency）特征表征表位检测结果差异性：

$$LIPF = \log_{10} \frac{n_p}{n_{pi}}$$

式中，n_p 为台体表位个数工位；n_{pi} 为基本误差值 t_i 在多少个表位出现。由于 n_p 值固定，$LIPF$ 值越大表明基本误差值 t_i 只在个别表位出现的频率高，该表位检测结果与其他表位相比具有差异性。采用对数计算将 $LIPF$ 值缩放至 $0\sim1$ 之间，使之与 DF 值大小量纲保持一致。

计算表位频率-对数逆次序（$D_{DF+LIPF}$）值。

$$D_{DF-LIPF} = DF \times LIPF$$

经分析可知表位频率-对数逆次序（$D_{DF-LIPF}$）值越大，表明基本误差值在该表位出现频率越高，在其他表位出现越少。在智能电能表随机均匀分配到各表位情况下，表明该表位检测结果与其他表位不一致。

以表位每个 $D_{DF-LIPF}$ 值构建其频率-对数逆次序特征向量 D_p，由于不同表位 $D_{DF-LIPF}$ 值的个数不一定相同，导致特征向量 D_p 维度不同，不利于对不同表位进行计算分析。

针对维度不一致问题，借鉴文本向量化表示技术中的词袋模型（bags of words）思路，统计所有表位出现的检测值作为一个数值库，其不同值的个数作为特征向量维度 V，这样所有频率-对数逆次序特征向量 D_p 的维度均为 V，而且 D_p 为稀疏向量，只在出现 $D_{DF-LIPF}$ 值的位置不为 0。

以其他各表位频率-对数逆次序特征向量的平均向量代表其他表位整体特征向量 $D_{p-other}$，

计算表位特征向量 D_{pi} 与其他表位整体向量的余弦相似度。

$$sim = \cos \frac{D_{pi} \cdot D_{p\text{-}other}}{|D_{pi}| \times |D_{p\text{-}other}|}$$

比较各表位的余弦相似度 sim 值，若某表位余弦相似度值明显小于其他表位，则判定该表位为故障表位。

方法总体框架如图 6-1 所示。

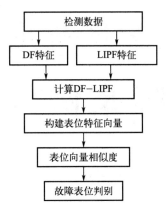

图 6-1　故障表位识别方法

第 7 章
自动化检定流水线常见故障案例分析

本章对自动化检定流水线的常见故障案例进行总结分析，主要包括 PLC、上下料机器人、RGV 机器人、耐压检测单元、多动能检定单元、驱动器、自动输送单元、自动贴标机及刻码单元。

7.1 PLC 故障诊断与处理

（1）PLC 硬件故障诊断与处理

① 实例 001　PLC 电源指示灯不亮

故障现象：接通电源后，PLC 电源指示灯不亮。

检测分析：

- 检查接线——电源线是不是已经连接到供电电源端子，PLC 一般有多组电源端子，分为三种类别，模块供电电源、输入传感器电源、输出驱动电源；
- 检查电源——外部供电电源的电压是否与 PLC 一致，若 PLC 为 24V 供电，而电源为 220V，则 PLC 已损坏。若 PLC 为 220V 供电，而电源为 24V，则 PLC 不会受损，但无法正常使用；
- 若所有可能因素均检查无误，则也可能是 PLC 硬件问题。

故障处理：

- 调节接线连接，确保 PLC 电源端子接线正确；
- 检修供电电源确保外部供电电源的电压是否与 PLC 一致；
- 检修或更换 PLC。

② 实例 002　PLC 无输出信号

故障现象：PLC 运行后，没有输出信号。

检测分析：

- 先检查一下 PLC 上的 RUN 灯是否绿灯常亮，如果 RUN 灯没有点亮，那说明 PLC

没有进入到运行状态，这样程序不会执行；

- 如果 RUN 灯点亮，再检查下程序，可以用编程软件在线监控；
- 如以上没有问题，使用万用表检测接线是否有问题；
- 检测 PLC 输出或硬件是否损坏。

故障处理：

- 调节 PLC 确保 PLC 的 RUN 灯常亮，同时程序运行正常；
- 调整 PLC 接线，确保 PLC 各接线正确；
- 检修或更换 PLC。

③ 实例 003　PLC X0 输入指示灯不亮

故障现象：PLC X0 对应传感器接通，输入指示灯不亮。

检测分析：

- 观察其他输入触点是否正常常亮；
- 根据电气原理图，查看 PLC 输入类型为 NPN 型；
- 利用万用表测量 PLC X0 输入端子与开关电源 V＋之间有 24V 电压；
- 利用万用表测量 PLC X0 输入端子对应 COM 端子与开关电源 V－之间有 24V 电压；

故障处理：根据电气原理图，X7 输入端子未使用，将 X0 触点修改为 X7 触点，故障解决。

经验总结：PLC 其他输入触点正常，存在某个输入触点不动作，COM 与输入端子之间电压正常则可判断此输入端子出现损坏。

④ 案例 004　PLC 突然停止运行

故障现象：PLC 使用过程中突然停止运行。

检测分析：

- 检查报警指示灯发现 CPU 上 BAT 指示灯亮起；
- 检查 PLC 程序无问题；
- 利用万用表测量 PLC 供电电源输入电压为 24V，正负极性连接正确。

故障处理：经检测上述无问题，确定为 CPU 电池出现问题，更换 CPU 电池后故障解决。

经验总结：PLC 的 CPU 电池电量不足后 BAT 指示灯会亮起，PLC 会停止运行。

（2）PLC 软件故障诊断与处理

① 实例 001 西门子 S7-300 PLC 运行中停机

故障现象：西门子 S7-300 PLC 运行中突然停机或死机。

检测分析：

- 检查 CPU 是否出现停机故障；
- 若检查程序时是否出现逻辑错误，即程序可执行但功能不能实现；
- 检查是否为偶尔出现的故障，即只在特定的系统状态下才出现的故障，可能导致停机或逻辑错误。

具体诊断逻辑如图 7-1 所示。

故障处理：

- 使用 "Module Information" 工具测试分析；
- 使用 "Referece Data" 和 "Program Status" 工具测试分析；
- 使用 "CPU Messages" 工具或生成自定义触发点 "your own trigger point" 测试

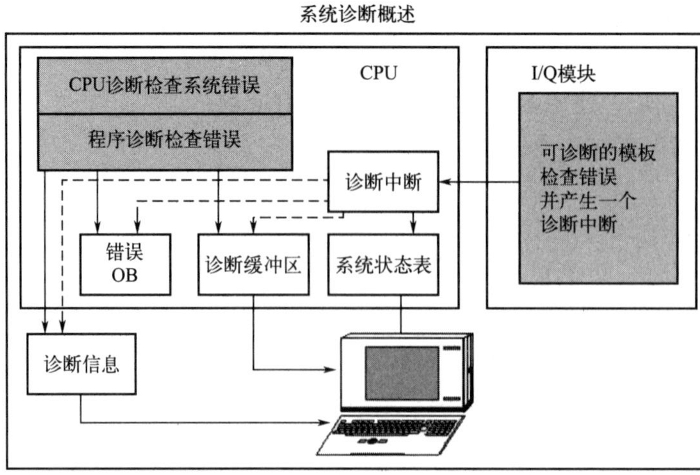

系统诊断概述

图 7-1　PLC 系统诊断图

分析。

② 实例 002 仿真 HMI 与真实 1200PLC 不能通讯

故障现象：仿真的 PLC 与仿真的 HMI 可以正常通讯，但真实的 PLC 与仿真的 HMI 连不上。

检测分析：

- 确认通讯是否存在问题——电脑的 IP 地址要 PLC 在同一网段，先用电脑检查 PLC 能否连通，如果不通，那就检查 IP 地址和硬件问题；
- 检查 PG/PC 口设置是否存在问题——在博图的连接里面有组态的仿真连 PLC 的，一般默认是 S7ONLINE；
- 检查实际 PLC 通讯设置与 PLC 仿真设置是否正确。

故障处理：

- 检修网络确保通讯正常；
- 在控制面板里把 S7ONLINE 连接设置成实际的连接方式；
- 在和实际 PLC 通讯的时候，关闭 PLC 的仿真，然后重新启动触摸屏的 PLC 连接。

③ 实例 003　PLC 停机后无法启动

故障现象：PLC 停机一段时间后上电无法启动。

检测分析：

- 将 EPROM 卡插入 PLC 中，拷贝程序，完成后重启，故障依旧；
- 由于程序不大，逐条将 EPROM 卡内程序读出，与手册上的指令核对后发现完全一致，重复拷贝无效；
- 用 PG 将程序调出，与 EPROM 卡内程序进行比对，结果语句指令表相同，但程序存放地址发生了变化。

故障处理：将备份程序发送到 PLC 后设备运行正常。

经验总结：EPROM 卡内程序可能会出现错误需要擦除后重新写入。

④ 实例 004　PLC 上电后无法启动

故障现象：PLC 上电后无法启动。

检测分析：

- 检查 PLC 指示灯发现电源指示灯正常绿色，报警指示灯没有亮起，输入指示灯正常，输出指示灯全部不亮；
- 检查 PLC 运行控制拨码开关为 RUN 状态；
- 检查 PLC 程序未发现问题，检查软件 PLC 状态为 STOP 状态。

故障处理：经上述检查分析后，软件中将 PLC 状态改为 RUN 状态后故障解除。

经验总结：PLC 运行状态在主机及软件中都可设置为 STOP 状态，在 STOP 状态下 PLC 程序是不执行的。

（3）PLC 其他故障诊断与处理

① 实例 001 西门子 S7-1200 与多台变频器 MODBUS 通信延迟高

故障现象：S7-1200 与 5 台变频器 MODBUS 通信控制，轮询完成需要 2s。

检测分析：

- S7-1200 MOBUS RTU 通信网络中包含多个从站站点时，由于轮询的网络特性，只能同时读或写一个站点数据。因此有一些因素会影响到最终整体的轮询时间：通信速率（波特率）设置时间；每个站点的通信数据量；站点数量；通信距离；各站点连接时间；
- 无论是由于信号干扰、硬件质量引起的从站掉站或是由于工程需要暂时关闭站点，此时都会由于"各站点连接时间"的增加而使通信系统的轮询时间大大延长。在 S7-1200 的 MODBUS RTU 通信中，主要有三个参数与"各站点连接时间"的设置相关：从站响应时间 RESP_TO；重试次数 RETRIES；主站定时参数 Blocked_Proc_Timeout；

故障处理：尝试设置以上参数，注意 MODBUS 从站的执行频率需至少小于 RESP_TO 设置的响应时间（需要考虑响应延迟时间），保证正常通讯。

② 实例 002 PLC 无法交互数据

故障现象：PLC 远程 IO 模块报错无法交互相应数据。

检测分析：

- 根据电气图纸检查 PLC 远程模块及最后一个远程模块通讯线及终端电阻连接正常，利用万用表测量终端电阻阻值为 110Ω 正常，存在 60 个主站模块；
- 检查远程 IO 模块站号拨码正常，波特率为 10Mbps；
- 检查 PLC 程序内部配置正常。

故障处理：经过上述检查分析后，将通讯波特率调整为 2.5Mbps 后故障解除。

经验总结：当主站模块过多、通讯线长度较长时无法达到最高通讯速率。

③ 实例 003 PLC 输出气缸不动作

故障现象：PLC 有输出气缸不动作。

检测分析：

- 检查气压表正常；
- 根据电气原理图，检查电磁阀指示灯为熄灭状态，检查电磁阀驱动继电器未动作；
- 利用万用表测量继电器线圈两端子间电压为 24V 正常，但线圈未动作。

故障处理：经过上述检查分析后，更换继电器后故障解决。

经验总结：电磁阀线圈损坏之后线圈之间有电压但是电磁阀不动作。

7.2　上下料机器人故障诊断与处理

（1）上下料机器人软件故障诊断与处理

① 实例001 机器人指示灯正常却停止运行

故障现象：在工作过程中，机器人显示灯为黄色时，机器人却停止运行，如图 7-2 所示。

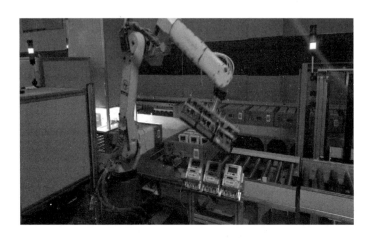

图 7-2　机器人指示灯正常却停止运行

检测分析：

- 机器人显示灯为黄色时，观察机器人停留在哪一个位置；
- 当机器人停留在初始位置时，可能为线体上合格表与不合格表混在一起导致机器人停止运行；
- 当机器人停留在箱子位置时，可能为箱子内衬严重变形，使表的位置全部降低，导致机器人吸不到表停止运行。

故障处理：

- 当机器人停留在初始位置时，手动将合格与不合格的表取下，然后再按线体上的开始按键；
- 当机器人停留在箱子位置时，手动将表全部吸附到吸盘上，然后再按线体上的开始按键。

（2）上下料机器人其他故障诊断与处理

① 实例001 机器人撞机报警

故障现象：机器人夹爪或吸盘与被测物撞机，机器人报警。

检测分析：

- 检查上、下料周转箱在辊筒线上定位是否有异常；
- 检查周转箱内塑拖是否有破损凹陷；
- 检查机器人尖爪的紧固螺丝是否有松动，检测夹爪或吸盘缓冲块是否有破损。

故障处理：
- 旋转 PLC 控制开关，截断 PLC 控制装置；
- 将机器人控制手柄（见图 7-3）及控制柜都打到手动模式；
- 按住控制手柄的下方按键，不松开，点击复位键去除报警信号；
- 按住控制手柄的下方按键，不松开，按住 shift 键后按机器人轴方向键调整机器臂位置，至可调节位置，将异常点去除；
- 将机器人控制手柄及控制柜打到自动控制位置，旋转 PLC 控制开关，开启 PLC 控制装置；
- 点击速度调整键，调节机器人自动控制运行状态的速度；
- 在打开主控系统点击 PLC 操作，按顺序异常点击机器人复位，机器人暂停，机器人重启，恢复机器人自动控制。

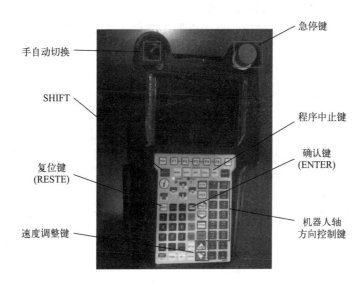

图 7-3　机器人控制手柄

② 实例 002 机器人撞机报警

故障现象：机器人吸嘴与被测物撞机，机器人报警，如图 7-4 所示。

图 7-4　机器人放表时与周转箱撞击

检测分析：

- 检查机器人吸盘是否有破损，造成吸盘漏气；
- 检查被测物托盘上是否有异物，造成托盘上模块限位异常；
- 用卡尺检测被测物外观尺寸是否符合要求。

故障处理：

- 旋转控制柜上的控制开关将机器人设置为手动模式；
- 按住控制手柄的侧边按键，不松开，点击复位键去除报警信号；
- 按住控制手柄的侧边按键，不松开，再按一下手柄上的绿色按键，设置机器人为手柄控制模式；
- 按住控制手柄的侧边按键，不松开，按机器人轴方向键调整机器臂位置，至可调节位置，将异常点去除；
- 将机器人控制柜打到自动控制位置；
- 打开主控系统点击 PLC 操作，点击机器人复位，机器人暂停，机器人重启，恢复机器人自动控制。

③ 实例 003 机器人显示灯变为红色

故障现象：在工作过程中，机器人显示灯变为红色。

检测分析：

- 机器人显示灯变为红色时，观察机器人停留在哪一个位置；
- 当机器人停留在初始位置时，观察机器人吸盘上是否有吸力，有吸力时可能机器人未将电能表吸好脱落导致报警，无吸力时可能机器人处的光栅因意外原因被遮挡导致机器人暂停报警；
- 当机器人停留在箱子位置时，观察机器人是否和箱子卡表，卡表时代表箱子内衬变形导致机器人撞表报警，没有卡表时代表机器人在下表时与箱子摩擦系数过大导致机器人误认为撞表报警。

故障处理：

- 吸盘有吸力时，手动将电能表吸附上去，然后按下示教盘上的重启按键，再按线体上的开始按键，当吸盘无吸力时直接按下示教盘上的重启按键，再按线体上的开始按键；
- 当机器人卡表时，手动将表放在箱子里，然后按下示教盘上的重启按键，再按线体上的开始按键，没有卡表时直接按下示教盘上的重启按键，再按线体上的开始按键。

④ 实例 005 机器人抓表过程中掉表

故障现象：机器人停止工作且抓手中无表。

检测分析：

- 检查机器人是否有报警异常；
- 检查机器人下方备料区是否有表；
- 检查机器人下方是否有掉落的电能表。

故障处理：

- 当机器人示教盘上显示异常状态时，直接按下示教盘上的重启按键，再按线体上的开始按键；

- 当机器人示教盘上显示无异常状态时，观察地面有无电能表，将电能表重新放入机器人手抓中将机器人复位，即可恢复正常工作。

7.3　RGV 机器人故障诊断与处理

（1）RGV 机器人硬件故障诊断与处理

① 实例 001 工作过程中 RGV 机器人无任何动作

故障现象：在工作过程中，机器人显示灯变为红色、黄色或者绿色时机器人没有任何动作。

检测分析：

- RGV 机器人在显示为红灯时，观察机械手停留在哪一个位置，然后查看软件上显示什么类型的报警；
- 机械手停留在初始位置时，软件显示为伺服电机过载直接利用软件报警复位，报警复位无效时可以确定为机器人伺服电机出现故障或者与电机的连接线路损坏；
- 机械手停留在其他位置时，软件显示为机械手报警，直接利用软件报警复位，报警复位无效时可以确定为机器人相机出现故障或者与相机的连接线路损坏；
- RGV 机器人在显示灯为黄色或者绿色时机器人却没有任何动作时，软件也没有显示报警时，可以确定为信号不好导致交互不良。

故障处理：

- 更换伺服电机或者修复与电机的连接线路；
- 更换相机或者修复与相机的连接线路；
- 利用中间件对 RGV 机器人重新触发，重新发送一个交互信号。

② 实例 002 工作过程中 RGV 机器人报警

故障现象：在机器人完成一次取放物料的动作后，在后续运动过程中发生报警，但是未发生碰撞或者人为干扰。

检测分析：

- 主站报警提示为"机器人未放下物料"，但是夹爪上未有抓取的物料，物料已放置在预定工位。特征为机器人发生故障前一段动作为完成一套取放物料动作，之后未有人为干扰等其他因素。
- 此报警来源为机器人夹爪两侧传感器。发生故障后需要暂停流水线运行，进入地轨用遮挡物测试传感器是否还能正常工作，如果无论遮挡与否传感器颜色均不变，则可以判断为传感器损坏。

故障处理：损坏的传感器只需要拆除通信线更换即可，如果无法及时更换则使用 PLC 触摸屏，点击右下角 ABB/PC 监控---ABB 监控---感应光电屏蔽来临时支持运行，如图 7-5～图 7-7。

经验总结：正常运行过程中突然出现机器人报警，而且是在抬升或者下降过程中报警，距离点位还有一定距离，此时可以根据报警提示先排查传感器等硬件问题。

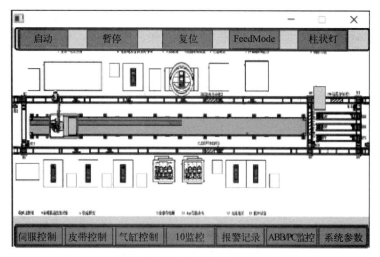

图 7-5　PLC 触摸屏（1）

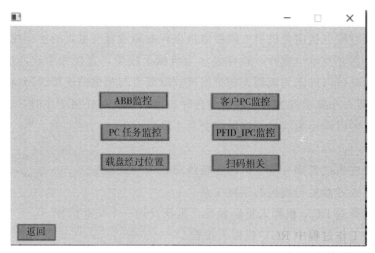

图 7-6　PLC 触摸屏（2）

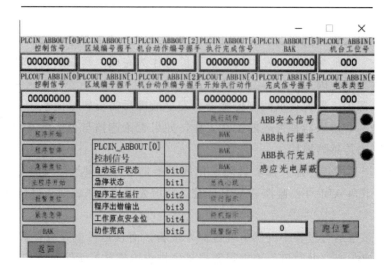

图 7-7　PLC 触摸屏（3）

③ 实例 003　RGV 机器人通讯异常

故障现象：主站机器人报警内容为"机器人通讯异常"。

检测分析：

- 如果正常运行过程中，突发机器人通讯异常报警，此时原因大概是地轨中间机器人通讯线上的连接器松动；
- 如果刚刚对机器人进行点位校准，然后继续运行立刻提示报警，则分析是 ABB 操作未清零。

故障处理：

- 根据机器人位置，移动 RGV 位置，拆开地轨中间线路罩盖进行加固；
- 需要去电柜使用 PLC 触摸屏完成清零操作，此时需保证流水线为暂停工作状态，且已点击故障复位，如果仍然报警，则在暂停状态下对流水线进行断电后再上电。

经验总结：这种类型故障的发生以第二种情况为主，每次调试点位完成后即便已经完成清零操作仍有可能报警，分析为机器人在调试前接收到运行指令，调试完成后再次发送命令导致冲突。

④ 实例 004　被测物被 RGV 机器人夹取后倾斜、下滑

故障现象：机器人夹取被测物后，在转运过程中发生倾斜、下滑等现象。

检测分析：

- 可能为流水线气源不稳定导致夹爪力度过小；
- 可能为夹爪上防滑垫失灵。

故障处理：

- 检查气源重新恢复至工作时气压；
- 更换防滑垫。

经验总结：夹取被测物后被测品发生倾斜等现象一般都是流水线瞬间气压不稳定或者长时间运行后防滑垫磨损严重，定期检查更换即可。

(2) RGV 机器人软件故障诊断与处理

① 实例 001 工作过程中 RGV 机器人显示灯变为红色

故障现象：在工作过程中，RGV 机器人显示灯变为红色，如图 7-8 所示。

图 7-8　RGV 机器人亮红灯报警

检测分析：

- RGV 机器人在显示为红灯时，观察机械手停留在哪一个位置，然后查看软件上显示为什么类型的报警；
- 机械手停留在初始位置时，软件显示为暂停报警，可能是机器人运行时未扫描到导轨上的位置数据导致报警；
- 机械手停留在其他位置时，软件显示为相机报警，可能是相机未拍到识别物或者识别物被灰尘阻挡。

故障处理：

- 直接利用软件报警复位，复位无效的话利用软件将任务重置；
- 清扫识别物后直接利用软件报警复位让相机重新拍照。

经验总结：涉及机器人工作任务错误、判断表类型错误一般为调度软件方面异常，检查未发现调度系统 BUG 则判断为 PLC 模组程序异常。

② 实例 002 被测物被 RGV 机器人夹取后倾斜、下滑

故障现象：机器人夹取被测物后，在转运过程中发生倾斜、下滑等现象。

检测分析：软件层面一般为 PLC 或者调度指令错误。

故障处理：PLC 开发人员或者调度开发人员排查相关指令，解决故障。

③ 实例 003 转数计数器未更新

故障现象：机器人出现如图 7-9 所示的"转数计数器未更新"报警。

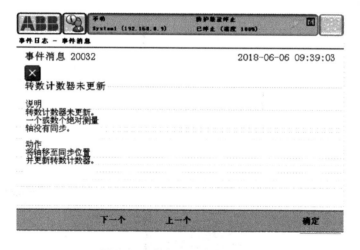

图 7-9　"转数计数器未更新"报警

检测分析：

关闭控制柜时，转数计数器中的数据由 SMB 上的电池提供电源存储。由于电池不稳定或者其他原因，会导致电机旋转的圈数丢失。机器人电机单圈编码器反馈的存储不需要电池，即机器人点击单圈参考位置正确。故在人工移动机器人各轴刻度位后的"转数计数器更新"不会影响机器人精度。

故障处理：

以单轴运动模式手动移动机器人的各关节至刻度线。此时一定要以机器人本体的刻度线为准，示教器显示数据可能已经混乱（在现场如果不能使所有轴同时移动到刻度位，则可根

据实际情况先移动某一单轴）。

单击"示教器"—"校准"—"转数计数器"—"更新转数计数器"，如图 7-10 所示。

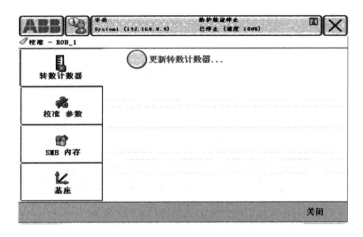

图 7-10 单击"更新转数计数器"

根据实际情况勾选需要更新的机器人轴，单击"更新"，如图 7-11 所示。更新时，示教器不需上电。对单轴更新前，确认该轴已经在刻度位附近。

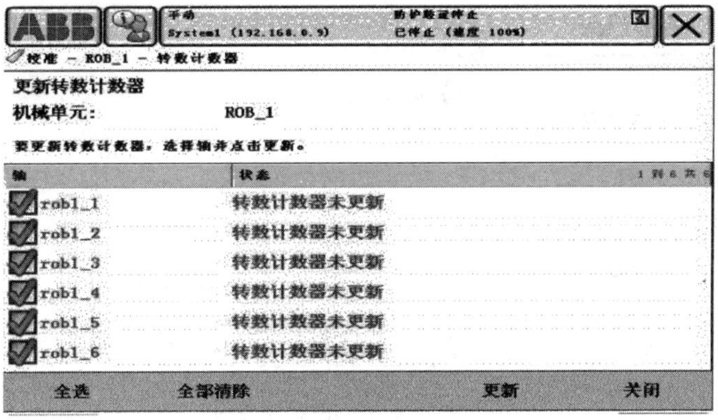

图 7-11 单击"更新"

经验总结：不要随便使用机器人控制柜上断电急停按钮。一般流水线每隔一定距离设有急停按钮，因此在 PLC 控制机器人测试点位校准情况时，如果机器人即将发生碰撞按最近的流水线急停按钮即可；手动模式下测试点位校准情况，如若机器人即将发生碰撞，示教器断电即可。

④ 例 004 SMB 内存差异

故障现象：机器人出现"SMB 内存数据差异"报警，如图 7-12 所示。

检测分析：机器人的位置信息会在 SMB 和控制柜内各自存储。机器人开机时，系统会自动比较两者的数据是否一致。在机器人系统未开启时释放抱闸移动机器人和更换 SMB 板卡等都会造成两边存储的数据不一致。

故障处理：

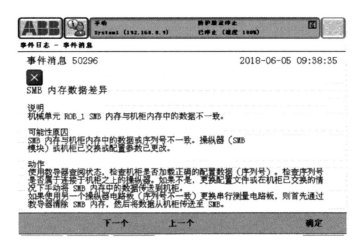

图 7-12   "SMB 内存数据差异"报警

- 单击"示教器"—"校准"—"SMB 内存",如图 7-13 所示;

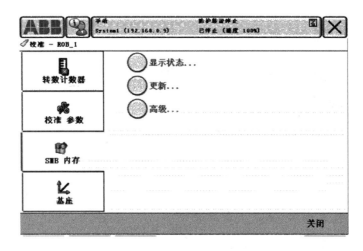

图 7-13   单击"SMB 内存"

- 单击图 7-13 中的"高级";
- 对于更换 SMB,选择"清除 SMB 内存";对于更换控制器内存卡或者认为修改控制器内数据,选择"清除控制柜内存",如图 7-14 所示;
- 单击图 7-14 中的"关闭"后,单击图 7-15 中的"更新";
- 若选择"清除 SMB 内存",则此处选择"替换 SMB 电路板"(即使用机柜数据更新 SMB 内存);若选择"清楚控制柜内存",此处选择"已交换控制柜或机械手"(即使用 SMB 内存数据更新数据柜),如图 7-16 所示。

经验总结:在调试机器人点位前,需要先确认流水线是否处于暂停或停止状态,正常情况下主站程序会通过判断流水线是否为停止状态来下达机器人工作状态指令,严禁在机器人运行过程中进入地轨手动停止 RGV 与机器人运行。

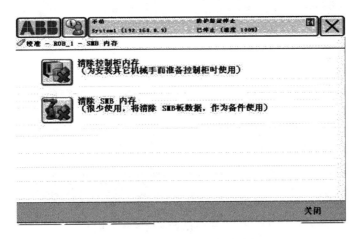

图 7-14 选择需要清除的对象

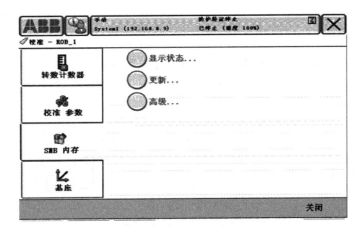

图 7-15 单击"更新"

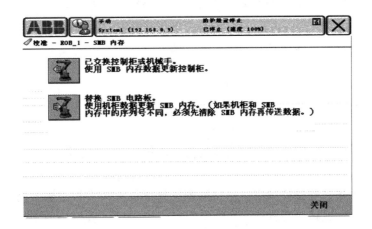

图 7-16 根据实际情况选择传输方向

⑤ 实例 005 与 SMB 的通信中断

故障现象：机器人出现"与 SMB 的通信中断"报警，如图 7-17 所示。

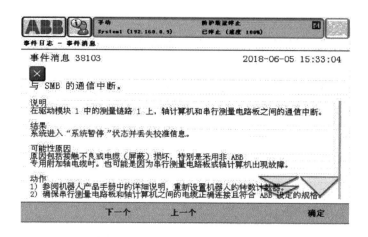

图 7-17　"与 SMB 的通信中断"报警

检测分析：

控制柜内轴计算机与机器人本体 SMB 之间的连线中断。

故障处理：

控制柜内轴计算机到机器人本体 SMB 之间的连线涉及以下几种。

- 控制柜内轴计算机到控制柜底部的 XS2 接口（图 7-18）的连线；

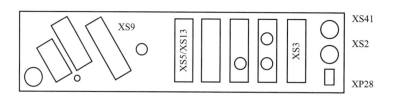

图 7-18　机器人控制柜底部接口示意图

- 控制柜底部的 XS2 接口到机器人本体尾端的 SMB 接口到 SMB 之间的连接；
- 机器人本体尾端的 SMB 接口到 SMB 之间的连线；
- 若以上多段线缆分段检查有破损，进行更换。

经验总结：

通信中断多为线路问题，按接线线序排查即可。

（3）RGV 机器人其他故障诊断与处理

① 实例 001　RGV 机器人撞被测物且显示红灯

故障现象：在工作过程中，RGV 机器人撞被测物且显示为红灯。

检测分析：

- 检测装置在将被测物检测完后未将被测物接线拆除却发给机器人动作信号，导致机器人撞被测物或检测装置；
- 检测装置某个检测工位突然损坏未将被测物抬起；
- 机器人在撞被测物后将检测装置撞偏移后机器人上下位置也进行了偏移，机械手到达不了偏移之后的位置导致机器人亮红灯。

故障处理：

- 利用 RGV 操作软件移动 RGV 机械手将被撞被测物取下，然后重置任务和机器人；
- 利用 RGV 操作软件修改 RGV 机器人的数据补偿以改变上下表位置或者将撞歪的检测装置移动回原位。

② 实例 002 电机电流错误

故障现象：机器人出现"电机电流错误"报警，如图 7-19 所示。

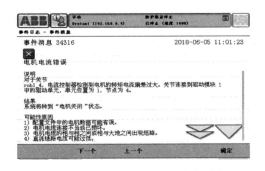

图 7-19　"电机电流错误"报警

检测分析：

图 7-19 表示驱动单元 4 轴输出至机器人本体 4 轴电机之间的动力线缆出现异常。

故障处理：

- 驱动单元 4 轴输出至机器人本体 4 轴电机之间的线缆经过；
- 驱动单元 4 轴输出（图 7-20 中的 X14）至控制柜底部的 X1 接口（图 7-21 的 X 处）的连线；

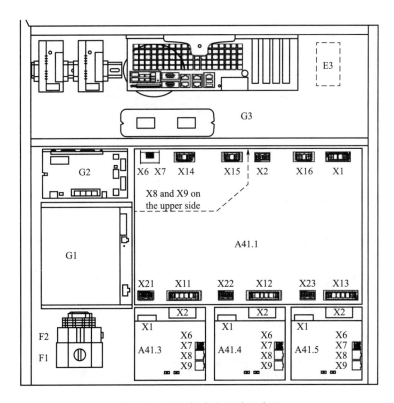

图 7-20　控制柜内主驱动示意图

- 控制柜底部的 X1 接口到机器人本体尾端的 MP 接口的连线；
- 机器人本体尾端的 MP 接口到机器人本体 4 轴电机的连线；
- 检查以上各段线缆是否正常，如有破损，请更换。

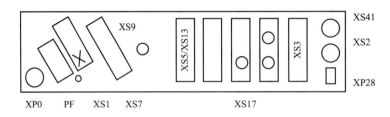

图 7-21   机器人控制柜底部接口示意图

经验总结：机器人供点与 PLC 模块供电电源一致，均来自主控电柜，只要供电不出现异常，则可以判断为机器人控制柜内线缆线路问题或者电机存储数据问题，检查线路和电机存储数据，或者相与相和大地之间是否存在短路。

③ 实例 003 动作监控关节碰撞

故障现象：机器人出现"动作监控"或"关节碰撞"报警，如图 7-22 和图 7-23 所示。

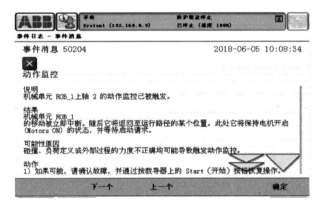

图 7-22   "动作监控"报警

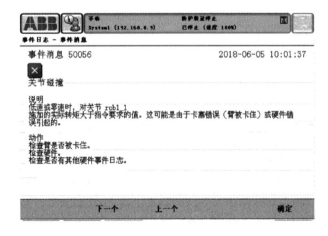

图 7-23   "关节碰撞"报警

检测分析：

图 7-22 和图 7-23 所示的两种报警通常是相同原因造成的。图 7-22 表示机器人 2 轴（rob1＿2）可能发生碰撞，图 7-23 表示机器人的 1 轴（rob1＿1）可能发生碰撞。

机器人系统本身并不知晓发生碰撞，而是通过后台检测电机电流等参数来判断各关节碰撞与否。机器人发生碰撞可能引起电机电流异常，电机抱闸未打开导致电机卡滞也可能引起电机电流异常。

故障处理：

- 若机器人确实发生碰撞，如果机器人有 613－1 Collision Detection 选项，则可以临时关闭"动作监控"，然后再缓慢移动机器人。
- 进入示教器控制面板，单击"监控"，如图 7-24 所示。

图 7-24　单击"监控"

- 在"手动操纵监控"下选择"关"，关闭手动操纵监控，如图 7-25 所示。

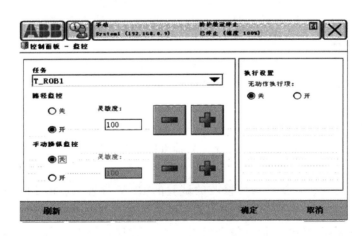

图 7-25　关闭手动操纵监控

- 此时可以调低示教器的摇杆速度以降低机器人的运动速度，也可单击图 7-26 中右侧的增量模式（按钮为"---"），让机器人以增量慢速模式移动，直至离开碰撞区域。

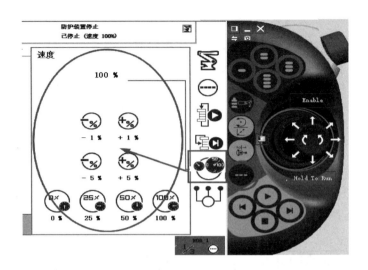

图 7-26　单击增量模式按钮

经验总结：手动调试点位完后需要再调整为自动模式进行测试，一般情况下两次运行结果基本相同，但是不排除有其他因素干扰了机器人动作，因此自动模式下运行极少出现关节碰撞或动作监控异常报警。此时需要先接触警报然后再排查原因，重新校点。

④ 实例 004 RGV 机器人点位偏移

故障现象：机器人未抓取到物料、机器人抓取物料时发生碰撞、机器人放置物料位置偏移或机器人拉动托盘或中转端子发生撞击等一系列机器人运行故障。

检测分析：

RGV 机器人点位偏移一般为以下两种情况：

- 点位偏移的第一种情况为点位在 X 轴、Y 轴、Z 轴方向偏移。多为放置物料、压下挡块或者拉动托盘与中转端子时发生碰撞，且碰撞程度很轻，如发生碰撞位置表面看与托盘、中转端子或底座已经接触，此时机器人仍在接触面垂直方向运动造成压力传感器报警。或是物料放置不进点位，在 X、Y 轴方向偏移一定距离，Z 轴方向向下运动过深；
- 第二种情况为机器人取放物料的任意环节发生不规则偏移，即点位偏移不遵循空间坐标系方向，取放物料时倾斜、旋转一定角度。

故障处理：

点位发生偏移后有两种校准方法，根据点位偏移的程度来选择不同的校准方法。

- 第一种情况处理方法为更改 X、Z、Y 轴方向坐标位置；
- 第二种情况调试方法如下。

查阅工位列表记录册，找到需要修改的试验的 RGV 位置。点击 PLC 触摸屏"伺服控制"，输入标志位，长按"跑位置"等待 RGV 运行到该工位。若端子点位发生偏移，将光标移动到端子点位程序的第一行（每个点都有两行程序，第一行代表移动到此点位上方100mm，不能直接移动到调试点位，会撞击），点击调试，PP 移至光标。机械手上电后运行一步，机械手就会运动到端子点位的上方，再运行一步，机械手就会运动到端子点位。校正点位后，光标移动到 terminal551 上，点击修改位置，确定，点位修改完成，操作如图7-27、图 7-28 所示。

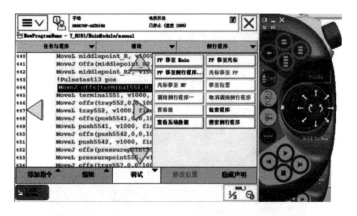

图 7-27　机械手调试（1）

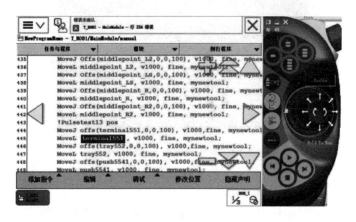

图 7-28　机械手调试（2）

注 1：需要将机器人初始化时，机器人上电后将机器人摇起至开阔区域，点击 main，机器人上电后长按示教器控制杆下方"▶"按钮，等待机器人运动到初始位置。

注 2：调试完成后，需从 PLC 触摸屏将伺服电机运动回调试前位置，位置标志为触摸屏"伺服控制"页面自动位置所记录。

注 3：第二种点位调试方法慎重使用，需联系专业调试人员陪同调试，切勿随意保存位置。

经验总结：机器人点位发生偏移的原因有很多，可能为长期运行过程中，伺服电机行程或机器人动作行程无法保证绝对精确，偏移量逐渐累积最终导致点位偏移；也可能是 RGV 长期运行产生的振动或者其他原因造成地轨本身发生偏移或沉陷等现象造成；或者在流水线运转过程中机器人发生撞击等一系列原因。需要修改点位时联系专业调试人员确认。

7.4　耐压检测单元故障诊断与处理

（1）耐压检测单元硬件故障诊断与处理

① 实例 001 耐压检测单元显示灯为红色

故障现象：耐压检测单元显示灯为红色，如图 7-29 所示。

图 7-29   耐压检测单元亮红灯报警

检测分析：

- 当耐压检测单元显示灯为红色时，观察耐压检测单元里的电能表是否进行压接；
- 当电能表进行压接时，查看耐压软件发现没有结论可能是耐压检测单元本身出现故障；
- 当表位未进行压接时，查看设备里的电能表发现已经有检定结论，可能是线体接近开关未感应到电能表。

故障处理：

- 当电能表进行压接时，耐压软件没有结论让耐压检测单元所属厂家进行修理；
- 当表位未进行压接时设备里有已结论的表，手动将其放行。

② 实例 002 耐压工位压接铜柱端无输出电压

故障现象：耐压测试开始后压接铜柱端无输出电压。

检测分析：

- 使用万用表连接耐压工位里的变压器，查看在耐压程序测试开始后，变压器是否有电压输出，如果变压器未按程序指令升压则可以确定变压器损坏；
- 确定变压器无故障情况下，使用万用表测量耐压工位里高压板上的 $5k\Omega$ 电阻，如果有电阻是开路情况则可确定电阻损坏。

故障处理：

- 更换变压器；
- 更换 $5k\Omega$ 电阻。

（2）耐压检测单元软件故障诊断与处理

① 实例 001 耐压检测单元显示灯为红色

故障现象：耐压检测单元显示灯为红色。

检测分析：

- 当耐压检测单元显示灯为红色时，利用中间件对其重新触发后观察其是否还报警；
- 当耐压依旧报警时，打开耐压软件发现是否数据日志错误或者耐压软件掉线；
- 如耐压软件没有发现问题可能是这批电能表已经有结论，重复检测就会报警。

故障处理：

- 当耐压软件有问题时，重启耐压软件然后利用中间件重新触发；
- 当耐压软件没有问题时，利用中间件将这批已有结论的表进行放行。

② 实例 002 耐压检测单元与计算机无法通讯

故障现象：耐压检测单元与计算机无法进行通讯传输信息。

检测分析：首先排查通讯线连接是否正确可靠，如果接线无问题则需要检查并确认已正确安装通讯软件，通讯端口是否正确，仪器的地址设置符合计算机的通讯要求，波特率设置一致。

故障处理：需要将设备的通信端口和地址设置正确，波特率重新设置一致。

经验总结：需要将耐压检测单元的通信参数和通信规约设置一致。

（3）耐压检测单元其他故障诊断与处理

① 实例 001 耐压检测单元处不放表通行

故障现象：耐压检测单元处不放表通行。

检测分析：耐压检测单元的指针歪曲，卡住电能表无法放行。

故障处理：更换耐压检测单元的指针。

② 实例 002 耐压检测单元检测过程中工位警示灯报警

故障现象：耐压测试开始后，工位警示灯红色报警，耐压测试程序自动停止。

检测分析：

- 检查耐压工位挡板是否关闭到位，如未关闭到位使之到位；
- 检查耐压工位内被测物压接是否正常，如有被测物压接偏移导致压接铜柱与被测物未完全接触的，摆正被测物后重新压接。

故障处理：关闭耐压工位挡板到位，摆正被测物，确认被测物与耐压检测单元压接情况，重新进行压接。

③ 实例 003 耐压检测单元出现异常保护

故障现象：耐压仪出现异常保护。

检测分析：查看耐压装置和绝缘测试连线是否有短路现象。

故障处理：如耐压装置接线全部检查是否有短路现象，将短路点重新做绝缘处理。

经验总结：绝缘测试接线一定要规范，防止出现短路等情况。

④ 实例 004 耐压试验单元打火

故障现象：耐压单元表位出现电火花打火。

检测分析：表位出现电火花打火大多是表位的接驳表针弯曲导致和其他端子接触到一起导致短路。

故障处理：将弯曲的接驳端子更换，或者直接更换接驳端子。

经验总结：耐压单元的接驳应当调整好，防止出现打火引起短路。

7.5 多功能检定单元故障诊断与处理

（1）多功能检定单元硬件故障诊断与处理

① 实例 001 多功能检定单元继电器故障导致指示灯报警

故障现象：多功能检定单元指示灯突然变红色，如图 7-30 所示。

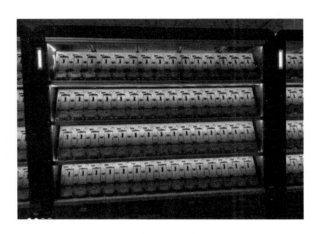

图 7-30　多功能检定单元亮红灯报警

检测分析：

- 检查装置在不满表状态下空表位指示屏有无 open 状态；
- 若无 open 状态将信号源脱机状态下 5％电流升源，蜂鸣指示灯显示电流报警；
- 用短接线将所有表位短接，升源正常；
- 用四根短接线逐个检查表位确定故障表位。

故障处理：更换故障表位的继电器。

② 实例 002 多功能检定单元功放设备故障导致指示灯报警

故障现象：多功能检定单元指示灯突然变红色。

- 关闭装置急停开关，打开挡板恢复急停查看信号源蜂鸣灯电压电流是否正常；
- 蜂鸣灯电压电流不正常时关闭电源后拔下功放电压电流供电电源，通电测试信号源蜂鸣灯是否正常；
- 测试后若蜂鸣灯正常，逐步插上电流或电压供电线测试；
- 逐个测试确定具体故障的功放前置板、电源板、电压（电流）板。

故障处理：更换故障功放部件。

③ 实例 003 多功能检定单元表位指示灯报警

故障现象：装置表位指示灯突然亮红色。

- 检查表位显示屏是否指示 open 状态，查看表位表针是否正常；
- 查看表位电能表压接是否正常，是否压接到底；
- 若表位未压接，手动按压制动按钮查看是否压接，无压接为电机故障或拔迁板故障；
- 断电用备件测试拔迁板是否正常，正常则为电机故障。

故障处理：

- 若表针异常，更换表位表针；
- 若表位无法压接则更换故障的压接电机或拔迁板。

④ 实例 004 多功能检定单元不能正常下料

故障现象：检定线检定完成后无法正常下料。

检测分析：

检定线检定完成无法下料主要由以下几个原因导致：

- 检定线在调度程序中处于停止状态；
- 检定线顶升气缸或压接气缸感应磁环信号缺失导致；
- 检定线数据未能正常上传完毕。

故障处理：

- 检查调度程序将停止状态解除；
- 检查传感器和磁环信号；
- 重新上传检定数据。

经验总结：检定数据上传应符合检定数据考核要求，数据上传成功才能正常下料。

⑤ 实例 005 多功能检定单元电流端子变形

故障现象：三相或者单相电流端子出现异常烧坏变形。

检测分析：电流端子出现异常烧坏基本上是接触不良导致烧坏，接触不好主要是电流线和端子压接端子松动或者电子端子与电能表未能正常接驳。

故障处理：

- 检查电流电子与电流线接线，如有松动重新紧固；
- 检查电流端子与表位电能表有无正常接驳，接触不好重新调整接驳。

经验总结：电流端子接驳应定期检查紧固，防止出现设备安全隐患。

⑥ 实例 006 多功能检定单元升压异常

故障现象：单相表试验时升压异常。

检测分析：升压异常主要分两种情况：一是电压一点也升不起来，这种情况大多是功率源问题导致，二是电压超出合理的范围内。

故障处理：如果功率源损坏导致升源失败建议更换功率源，电压范围超差应是 PT 导致，检查 PT 出现的问题点并解决，重新进行校准。

经验总结：隔离 PT 是计量设备重要组成部分，应定期核查校准。

（2）多功能检定单元软件故障诊断与处理

① 实例 001 监视仪表无示数或读取标准表失败

故障现象：监视仪表面板无示数，如图 7-31。

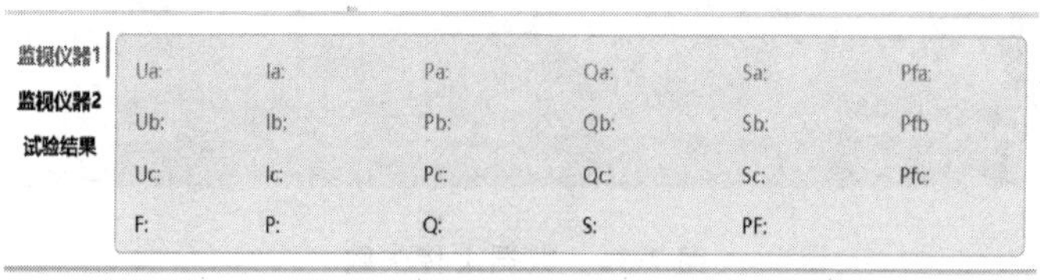

监视仪器1	Ua:	Ia:	Pa:	Qa:	Sa:	Pfa:
监视仪器2	Ub:	Ib:	Pb:	Qb:	Sb:	Pfb
试验结果	Uc:	Ic:	Pc:	Qc:	Sc:	Pfc:
	F:	P:	Q:	S:	PF:	

图 7-31　监视仪表无示数或读取标准表失败

检测分析：
- 检查装置标准表是否启动上电且正常工作；
- 检查装置标准表是否切换到联机模式，可通过升源看标准表是否响应；
- 检查设备的通讯端口配置、串口服务器配置、串口映射配置等；
- 可通过串口调试工具检查是否串口被占用，或发送报文验证通讯是否正常。

故障处理：
- 装置标准表启动上电，确保其处于正常运行状态；
- 装置标准表设置到联机模式，并可进行生源输出；
- 检查设备的通讯端口配置、串口服务器配置、串口映射配置等；
- 调试解决标准表通讯设置问题。

经验总结：检表软件要实时显示标准表示数，所以需要实时与标准表通讯，应保证通讯正常。

② 实例 002 误差数据异常

故障现象：读取误差失败或误差数据异常。

检测分析：
- 检查装置误差板、信号源、标准表是否正常工作，检查是否升源正常，确认硬件是否存在问题；
- 按电能表的按钮，看电能表上的实际电压、电流、功率，检查与标准表是否一致；
- 检查软件中录入的检表参数：电压、电流、脉冲常数等；
- 看误差板上是否有正常误差，若无可能是软件与误差板的通讯有问题。

故障处理：
- 误差数据异常通常是硬件问题导致，确定硬件问题后进行维修；
- 若录入数据异常修改为正确的检表参数；
- 误差板数据异常则维修软件与误差板的通讯问题；

③ 实例 003 检定数据上传异常

故障现象：数据上传失败，如图 7-32 所示。

图 7-32 数据上传失败

检测分析：

- 查看与目标数据库、服务端接口的连接是否正常，可 ping 其 ip、telnet 端口进行测试，排查网络问题；
- 查看本地数据是否正常，通过检表软件的历史数据，查看检定数据是否已存在且正常；
- 软件人员排查接口调用、数据库存储格式是否存在问题。

故障处理：

- 该问题通常是网络连接问题导致，解决网络和端口问题即可解决；
- 软件运维人员处理数据异常问题；
- 软件运维人员处理接口调用、数据库存储格式问题。

经验总结：数据上传时需要保证网络通畅，才能正常连接数据库或服务器。

④ 实例 004 与加密机相关试验异常

故障现象：由于连接加密机失败，试验无法进行。

检测分析：

- 查看电脑与加密机连接是否正常，通过 ping 加密机 ip 和 telnet 加密机端口进行检查；
- 检查电脑是否插好国网加密机的密钥 Key，正常时应亮红灯；
- 检查电脑是否安装加密机 Key 的驱动程序，如果已安装且正常，应能打开"国家电网公司用电信息密钥管理系统－设备管理工具"，如图 7-33 所示；

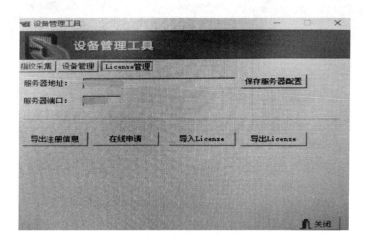

图 7-33 国家电网公司用电信息密钥管理系统－设备管理工具

- 检查软件中的加密机配置是否正常，如图 7-34 所示。

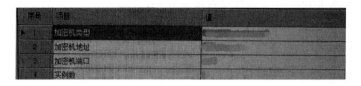

图 7-34 检查加密机配置

故障处理：
- 解决网络和端口问题；
- 电脑要插好国网加密机的密钥 Key，正常时应亮红灯；
- 正确安装加密机 Key 的驱动程序；
- 重新设置加密机配置，确保正确连接。

经验总结：电脑 ip 要能正常连接加密机，要正常安装加密机 Key 的驱动程序。

（3）多功能检定单元其他故障诊断与处理

① 实例 001 多功能实验完成后不下表

故障现象：多功能检定单元检定完成后表位压接不抬升，如图 7-35 所示。

图 7-35　多功能检定单元表位压接不抬升

检测分析：
- 可能是正常现象，由于数据上传时间较长或数据量较大导致；
- 调度软件存在异常，未正常进行上报检定完成信号；
- 控制线体松开压接的 PLC 故障。

故障处理：解决调度软件或 PLC 的问题。

经验总结：应保证硬件无故障，尽量优化调度程序，避免无法下表，影响检定效率。

② 实例 002　多功能检定单元接线检测异常

故障现象：多功能检定单元接线检测异常，485 不通。

检测分析：
- 检查托盘上表计是否放好；
- 检查接驳异常表位插针与表计是否接触好；
- 检查表位控制器是否正常。

故障处理：
- 将未摆正表计人工摆正；
- 调整检定线插针位置；
- 排查表位控制器接线问题。

7.6 驱动器故障诊断与处理

（1）步进驱动器故障诊断与处理

① 实例 001 步进电机状态异常

故障现象：步进电机一直处于自由状态。

检测分析：驱动器中频信号不正常会导致步进电机一直处于自由状态。

故障处理：调整驱动器中频信号电路。

经验总结：定期检查驱动器电路是否正常工作，接线是否松动。

② 实例 002 步进电机失步

故障现象：步进电机进入失步运行状态。

检测分析：

- 检查屏蔽线是否松动，是否正常接地；
- 若屏蔽线无异常，一般为驱动器控制信号设置错误导致。

故障处理：

- 将屏蔽线拧紧，正确接地；
- 用正确参数和步骤设置驱动器控制信号。

经验总结：定期检查接线是否松动，控制信号是否正常工作。

③ 实例 003 步进电机马达旋转异常

故障现象：电机马达的旋转方向不对。

检测分析：

- 先检查接线，查看接线是否存在错误；
- 接线正常，查看电机线路是否断路；
- 若以上无问题则可能为现场信号受到干扰。

故障处理：

- 若接线错误则更改接线方式，确保连接正确；
- 电机线路断路则修复电机线路；
- 若现场信号受到干扰则查找干扰源，并将其关闭或远离电机。

经验总结：电机运行前要确保接线正确，现场无信号干扰源。

④ 实例 004 步进电机堵转

故障现象：步进电机堵转，无法正常运行。

检测分析：在电机和驱动器正常情况下，一般为电动机的转矩过小导致。影响转矩的主要因素有转速和电流，步进电机的特性是转速越高力矩越小，电流越小力矩越小。步进电机只能够由数字信号控制运行的，当脉冲提供给驱动器时，在过于短的时间里，控制系统发出的脉冲数太多，也就是脉冲频率过高，将导致步进电机堵转。

故障处理：采用"加减速"的办法，在步进电机起步时，要逐渐升高脉冲频率，减速时的脉冲频率需要逐渐减低。

经验总结：确保电动机转矩合适才能正常运行。

（2）交流伺服驱动器故障诊断与处理

① 实例001伺服电机在有脉冲输出时不运转

故障现象：伺服电机在有脉冲输出时不运转。

检测分析：

- 监视控制器的脉冲输出当前值以及脉冲输出灯是否闪烁，确认指令脉冲已经执行并已经正常输出脉冲；
- 检查控制器到驱动器的控制电缆、动力电缆、编码器电缆是否配线错误、破损或者接触不良；
- 检查带制动器的伺服电机其制动器是否已经打开；
- 监视伺服驱动器的面板确认脉冲指令是否输入；
- Run运行指令正常；
- 控制模式务必选择位置控制模式；
- 伺服驱动器设置的输入脉冲类型和指令脉冲的设置是否一致；
- 确保正转侧驱动禁止，反转侧驱动禁止信号以及偏差计数器复位信号没有被输入，脱开负载并且空载运行正常，检查机械系统。

故障处理：

- 若伺服电机电路连接异常需按正确接线连接；
- 伺服驱动器按正确参数设置。

7.7 自动输送单元故障诊断与处理

（1）辊筒输送线故障诊断与处理

① 实例001周转箱跑偏现象

故障现象：周转箱输送时，出现向一边跑偏的现象，如图7-36所示。

图7-36 周转箱输送过程中跑偏

检测分析：

- 传动链和辊筒齿轮间是否有杂物缠腰、污泥埋压等现象，使传动受阻，阻力增大；
- 机架是否出现变形、倾斜或者装机不正，尺寸出现偏差；
- 跑偏部位前面的托辊与输送带运行方向是否垂直；
- 承载货物是否过满过多，出现辊筒打滑现象；
- 投料装置位置是否合适。

故障处理：

- 处理传动链和辊筒齿轮间杂物；
- 调整机架和装机位置的直线度和水平度；
- 调节托辊运行方向；
- 承载合适重量货物；
- 校正投料装置的位置。

② 实例 002 辊筒磨损严重

故障现象：设备运行后，出现辊筒磨损异常严重。

检测分析：

- 投料方向不合适，即物料投放的方向和输送机运行方向不同，产生横向力，使磨损加剧；
- 辊筒粘有异物，不转动或者没有调好；
- 辊筒转动不良；
- 应检查张力是否正常；
- 检查辊筒安装水平度，是否出现高低不平现象。

故障处理：

- 调整落料方向；
- 清洗辊筒，保持现场的整洁；
- 对辊筒加强润滑；
- 适当加大链条张力；
- 如辊筒出现高低不平则调整辊筒水平度。

③ 实例 003 电机不能转动或启动后立即慢下来

故障现象：启动设备后，设备不转动或立即变慢。

检测分析：

- 检查线路查看是否线路出现故障；
- 检查电压查看是否由于电压下降导致的电机故障；
- 检查测速装置、过负荷继电器、接触器等是否出现故障；
- 检查速度保护安装调节是否有问题。

故障处理：

- 修复线路故障；
- 调节电压使其恢复正常；
- 修理或更换测速装置、过负荷继电器、接触器等器件；
- 调节速度安装保护。

④ 实例 004 设备漏油

故障现象：设备运转或停车时出现漏油现象。

检测分析：

- 检查易熔合金塞或注油塞是否未拧紧，用扳手打紧易熔合金塞或注油塞；
- 检查"O"型密封圈是否损坏，需要更换"O"型密封圈；
- 检查连接螺栓是否未拧紧，轴套端密封圈或垫圈是否损坏，需要拧紧连接螺栓，更换密封圈和垫圈。

故障处理：

- 用扳手打紧易熔合金塞或注油塞；
- 更换"O"型密封圈；
- 拧紧连接螺栓，更换密封圈和垫圈。

⑤ 实例 005 辊筒线周转箱传输异常

输送辊筒线如图 7-37 所示。

图 7-37　辊筒线周转箱传输异常

故障现象：周转箱没有传输至下一个空闲的点位。

检测分析：

- 检查光电感应器是否异常；
- 查看辊筒线是否出现红色圆点报警。

故障处理：

- 调节感应距离，或者更换光电感应器；
- 点击界面的复位按键即可排除故障。

⑥ 实例 006 辊筒驱动不工作出现过载保护的报警

故障现象：周转箱没有传输至下一个空闲的点位。

检测分析：

- 查看辊筒线是否堵料；

- 电机辊筒驱动力不足。

故障处理：

- 辊筒线程序应合理分时分段控制，避免出现堵料的情况；
- 更换驱动力更大的电机辊筒。

⑦ 实例 007 辊筒线表计不能正常入库

故障现象：表计不能正常的出入库。

检测分析：表计不能正常的出入库有可能以下几种原因导致。

- 周转箱和辊筒线出现异物和变形引起的卡顿；
- 与立库对接的软件接口出现问题；
- 与立库对接的 PLC 点位出现问题。

故障处理：

- 首先排除与立库对接的辊筒线有没有发生卡顿；
- 排查点位接线和软件对接接口有没有出现问题；
- 如果以上都没有问题，则是立库本身系统出现问题，联系立库相关人员处理。

经验总结：

- 周转箱变形和箱子内一些异物会导致发生卡顿；
- 流水线和立库的软硬件接口应定期检查，防止出现问题。

⑧ 实例 008 辊筒线不能正常顶升

故障现象：辊筒线顶升移载不能正常顶升。

检测分析：

辊筒线顶升移载不能正常顶升有可能由以下几种原因导致。

- 顶升气压不正常导致不能正常顶起；
- 顶升气缸出现生锈导致顶升卡顿。

故障处理：

- 首先检查该顶升的气压是否正常，如果气压有问题应处理气压问题；
- 去掉生锈的锈记涂抹润滑油。

经验总结：顶升气缸，气缸杆应该定期涂抹润滑油防止出现生锈。

⑨ 实例 009 辊筒输送线堵料

故障现象：表计在辊筒输送线堵住，无法出入库。

检测分析：

一般为辊筒线中间继电器故障。

- 检测辊筒线中间继电器是否损坏；
- 检测辊筒线中间继电器接线是否松动。

故障处理：

- 更换辊筒线中间继电器；
- 紧固辊筒线中间继电器接线。

经验总结：定期对辊筒线中间继电器进行维护和保养。

⑩ 实例 010 提升机电辊筒报警

故障现象：提升机电辊筒报警，无法正常提升表箱，如图 7-38 所示。

检测分析：

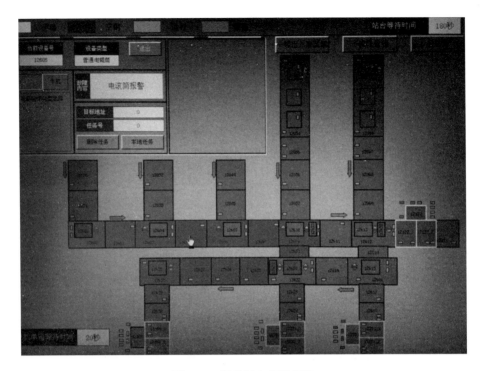

图 7-38　提升机电辊筒报警

- 查看是否开关信号源瞬间中断导致出现故障；
- 查看模块电源是否损坏。

故障处理：

- 手动将提升机提升到上层限位；
- 若模块电源损坏则更换模块电源；
- 点击触摸屏上的复位按键。

经验总结：定期检测开关信号源运行状态，对模块电源进行周期性维护和保养。

（2）链板输送线故障诊断与处理

① 实例 001 传动链条掉出无法传动

故障现象：传动链条在链板机槽中脱出，无法正常传动。

检测分析：

- 检查链板机槽底板，在铺设时是否按照设计要求铺平铺直，是否出现凹凸不平、过度弯曲等现象；
- 检查链板和链板机槽，是否是两者之间的间隙过大；
- 检查链板两边传送链条长短是否因为长短不同导致受力不平衡；
- 检查链板输送机的传动链条是否因张力不够，在机尾处造成堆链，使得链板极易从链板机槽中脱出。

故障处理：

- 链板机槽底板要铺平铺直，必要时进行更换；
- 调节链板和链板机槽保持合理距离，避免间距过大；

- 链板两边传送链条长短不同的话则更换传送链条；
- 调节链板输送机的传动链条张力。

② 实例 002 动力链与传动链条之间不能正常啮合

故障现象：传送链在动力链上脱落。

检测分析：

- 检查动力链轮是否磨损严重或者搅入杂物；
- 检查传送链和动力链两者的松紧是否一致；
- 检查链板歪斜是否严重或者间距过大；
- 检查机头安装是否到位，链条与机头垂直度是否符合要求；
- 检查是否因动力链轮和传动轴之间间隙过大，从而导致动力链轮倾斜或晃动。

故障处理：

- 若动力链轮磨损严重则进行更换，若搅入杂物则将其清理干净；
- 调节传送链和动力链两者的松紧使其保持一致；
- 调节链板使其处于正确位置；
- 调节链条与机头垂直度使其符合要求；
- 调节动力链轮和传动轴之间的间隙。

③ 实例 003 电机过热

故障现象：启动设备后，电机发热严重。

检测分析：

- 测量电机功率，检查是否由于超载使设备超负荷运行；
- 检查是否由于传动系统润滑条件不良，导致电机功率增加；
- 检查在电机风扇进风口或径向散热片中是否堆积灰尘，使散热条件恶化；
- 在使用双电机时，由于电机特性曲线不一，使轴功率分配不匀导致电机发热；
- 检查是否由于频繁操作导致电机过热。

故障处理：

- 合理安排设备检测计划，使得电机在正常负荷运行；
- 各传动部位及时补充润滑；
- 及时清除灰尘；
- 在使用双电机时，采用等功率电机，使特性曲线趋向一致，通过调整耦合器充油量，使得两电机功率合理分配；
- 减少操作次数。

（3）堆垛机故障诊断与处理

① 实例 001 堆垛机停止码垛

故障现象：运行过程中堆垛机停止码垛

检测分析：

- 检查服务器中运行监控内码垛数量是否与实际数量一致；
- 检查传感器是否失灵；
- 检查加紧气缸是否到达限位。

故障处理：

- 将服务器监控软件中数量和实际更改一致；

- 调整传感器；
- 调整限位，维修气缸。

经验总结：多注意堆垛机运行状态。

② 实例002 堆垛机取货塌陷报警

故障现象：堆垛机取货时表箱倾斜掉落，指示灯亮红色报警，如图7-39所示。

图 7-39　堆垛机取货塌陷报警

检测分析：表箱为纸箱，一般为表箱长时间存放受潮或表计在箱中重量分布不均匀导致表箱底部变形，堆垛机取货时受力不均匀，从而倾斜掉落。

故障处理：

- 人工手动扶正纸箱；
- 在仓储调度系统客户端复位，重启任务。

经验总结：定期监测表箱状态，一旦发现表箱底部不平整及时进行处理。

7.8　自动贴标及刻码单元故障诊断与处理

（1）自动贴标单元故障诊断及处理

① 实例001 自动贴标单元未能正常贴标

自动贴标单元如图7-40所示。

故障现象：电能表未贴上合格标识或合格标识不清晰。

检测分析：

- 检查自动贴标单元电源及接线是否正常；
- 检查自动贴标单元是否被按下屏蔽按钮；
- 检查合格标识是否用完；
- 检查合格标识是否质量出现问题。

故障处理：

图 7-40 自动贴标单元

- 调节自动贴标单元电源及接线，确保自动贴标单元运行正常；
- 按下自动贴标单元运行按钮使其恢复正常运行状态；
- 更换新的合格标识；
- 反馈合格标识生产厂家质量问题，更换合格的合格标识。

经验总结：定期检查贴标后的电能表合格标识是否正常。

（2）自动刻码单元故障诊断与处理

① 实例 001 自动刻码单元未能正常刻码

自动刻码单元如图 7-41 所示。

图 7-41 自动刻码单元

故障现象：电能表铅封经自动刻码单元后空白或刻码不清晰。

检测分析：

- 检查自动刻码单元电源及接线是否正常；
- 检查激光器参数设置是否正常；
- 检查电能表铅封是否出现质量问题。

故障处理：

- 调节自动刻码单元电源及接线，确保自动刻码单元运行正常；
- 调节激光器的焦距和功率等参数设备能够正常刻码；
- 反馈铅封生产厂家质量问题，更换合格的铅封。

经验总结：定期检查刻码后的电能表刻码是否正常。

参考文献

[1] 国家电网有限公司 . 电能表自动化检定系统技术规范：Q/GDW 1574—2014 [S]. 北京：中国电力出版社，2015.

[2] 国家质量监督检验检疫总局 . 电子式交流电能表：JJG 596—2012 [S]. 北京：中国质检出版社，2013.

[3] 范国伟，桑建明 . 机电传动与运动控制 [M]. 北京：机械工业出版社，2013.

[4] 胡冠山 . 电气控制与 PLC 程序设计 [M]. 北京：中国水利水电出版社，2019.

[5] 马克·R·米勒，雷克斯·米勒 . 工业机器人系统及应用 [M]. 北京：机械工业出版社，2019.

[6] 吴成东，姜杨 . 工业机器人系统设计 . 第 2 版 . [M]. 北京：化学工业出版社，2020.

[7] 吴重民，聂一雄 . 电能计量装置状态检修技术 [M]. 北京，中国水利水电出版社，2017.

[8] 王鑫，张涛，金映谷 . 异常检测算法综述 [J]. 现代计算机，2020，10：21-26.

[9] 毋雪雁，王水花，张煜东 . K 最近邻算法理论与应用综述 [J]. 计算机工程与应用，2017，53（21）：1-7.

[10] 李春生，于澍，刘小刚 . 基于改进距离和异常点检测算法研究 [J]. 计算机技术与发展，2019，29（263）：103-106.